KB028293

생태시민을 위한
동물지리와
환경 이야기

생태시민을 위한 동물지리와 환경 이야기

초판 1쇄 발행 2024년 2월 5일
초판 2쇄 발행 2024년 4월 15일

지은이 한준호·배동하·이건·서태동·김하나·이태우 | 펴낸이 임경훈 | 편집 이현미
펴낸곳 롤러코스터 | 출판등록 제2019-000296호
주소 서울시 마포구 월드컵북로 400 서울경제진흥원 5층 17호
전화 070-7768-6066 | 팩스 02-6499-6067 | 이메일 book@rcoaster.com

ISBN 979-11-91311-39-6 03980

생태시민을 위한 동물지리와 환경이야기

한준호 · 배동하 · 이건 · 서태동 · 김하나 · 이태우 지음

롤러코스터
Rollercoaster
Press

인류세를 살아가는 생태시민이 된다는 것

'지리에서 왜 동물 이야기를 하나요?'

책 제목을 보며 이런 궁금증을 가지는 분들도 계실 겁니다. 우리도 지리 수업에서 왜 동물에 관심을 두고 이야기해야 하는지 스스로 질문을 던져보았습니다. 그리고 지리 교과서를 꺼내 살펴봤습니다. 페이지를 넘기자 그동안 해왔던 지리 수업이 머리를 스쳐 지나갔습니다.

아프리카 사바나 기후 지역의 수많은 동물과 사파리 여행, 건조기후 지역에서 '사막의 배' 역할을 해준 낙타, 양모 수요 증가로 양을 많이 사육하는 오스트레일리아 등의 내용이 교과서에 등장합니다. 북극곰이 빙산 위에 위태롭게 서 있는 모습은 기후변화 수업에서 빠지지 않는 장면입니다. 지구 곳곳에서 각 지역의 환경에 적응하며 살아가는 동물들과 인간의 생활, 그들의 이용과 공존은 지리 수업의 주요 소재로 다루어지고 있습니다. 다만 지리 교과서의 단원 이름에 '동물'이 등장하지 않을 뿐입니다.

그동안 지리 수업에서 다루어진 동물 이야기에 대해 저자들은 아쉬움이 컸습니다. 그리고 마침내 그 아쉬움을 달래줄 동물지리 책이 필요하다는 생각에 이르렀습니다.

우리는 다음과 같은 사항을 고려하여 집필 방향을 잡았습니다.

첫째, 자연지리에서 지형, 기후 등을 비중 있게 다루는 것에 비해 동물과 관련한 지리 이야기는 여전히 보조적인 소재에 그친다는 점이 아쉬웠습니다. 동물의 지리적 분포와 이동, 그 원인 중 흥미로운 사례를 발굴할 필요가 있고, 동물이 생태환경을 만들어가는 행위 주체agent라는 점을 더욱 알리고 싶었습니다.

둘째, 인간의 문명 발달 과정에서 큰 역할을 한 동물을 그저 도구로서만 바라본 한계에 주목했습니다. 그동안 역사 속에서 인간에게 이용만 당하고 소외되었던 동물의 이야기에 더욱 초점을 맞추고자 노력했습니다. 그래서 인간이 풍요로운 삶을 추구하는 과정에서 희생된 동물들을 적극적으로 찾아봤습니다.

셋째, '생태시민'의 관점에서, 인간이 동물과 어떠한 관계를 맺고 지구 생태계를 함께 만들어나가야 하는지 대안적인 비전을 제시하고 싶었습니다. 2022 개정 교육과정에서는 '생태시민'이라는 키워드가 강조됩니다. 따라서 생태 감수성을 토대로 지구 생태계의 구성원을 존중하고 공감하는 데 도움이 될 동물지리 책이 필요하다는 생각이 들었습니다.

우리는 "저는 동물에 관심이 많아요, 지리를 좋아하니까요"라는 말이 자연스러워지길 바라는 마음으로 이 책을 썼습니다. 이 책을 읽고 나면, 집에서 함께하는 반려동물, 축사나 목장에서 만나는 농장동물, 동물원이나 수족관에서 만나는 전시동물, 동네를 산책하면서 만나는 야생동물 등이 이전과 다르게 보일 것입니다. 또한 기존의 인간 중심적 지리학에서 벗어나, 인간과 동물의 새로운 관계 맺음을 모색하는 인간 너머 지리학more-than-human geographies을 지향하게 될 것입니다.

현재 우리는 '인류세Anthropocene'라는 새로운 지질 시대의 출발을 앞두고 있습니다. 인류세라는 명명은, 지금까지 없었던 새로운 지질 시대를 열게 할 정도로 인간이라는 존재의 영향력이 대단하다는 사실을 새삼 느끼게 합니다. 인류세를 살아갈 우리에게 요구되는 자세는 일상적인 삶과 행동이 지구 생태계에 막대한 영향을 줄 수 있다는 책임의식을 갖는 것입니다. 이 책을 읽는 모두가 동물과 동반하며 인류세를 살아가는 생태시민으로 거듭나면 좋겠습니다.
_2024년 1월, 저자 일동

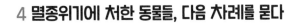
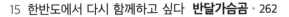
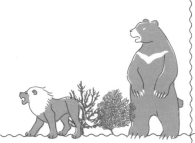

살고

1

이을까?

홍학은
전기 자동차를
미워해
홍학

서로 의지하며 살아가는 홍학들

1995년생 가수 두아 리파Dua Lipa는 뮤지션이라면 누구나 꿈꾸는 그래미상Grammy Awards을 서른 살이 되기 전에 세 번이나 수상했습니다. 영국 런던으로 이주한 알바니아계 코소보인 부모 사이에서 태어난 두아 리파는 어려서부터 뮤지션의 꿈을 키워나갔습니다.

잠재력 있는 신인이었던 두아 리파는 2017년에 발표한 싱글 〈뉴 룰스New Rules〉가 영국 UK 싱글 차트 1위에 오르면서 음악성을 인정받습니다. 이후 미국 빌보드 싱글 차트 6위까지 오르며 유럽을 넘어 전 세계에 이름을 각인시킵니다. 〈뉴 룰스〉는 헤어진 뒤에도 연락이 오는 남자 친구를 뿌리치기 위해 스스로 다짐하는 내용이 담겨 있습니다. 그 다짐을 '새로운 규칙'이라고 표현했는데, 전 남자 친구의 전화를 받지 말 것, 그를 집에 들이지 말 것, 그의 친구가 되어주지 말 것 등입니다.

두아 리파의 〈뉴 룰스〉 뮤직비디오에는 홍학flamingo이 등장해 특히 더 인상적입니다. 홍학이 등장하는 이유를 두 가지 정도로 추론해볼 수 있습니다.

첫째, 뮤직비디오를 촬영한 미국 플로리다주에 홍학이 서식하기 때문입니다. 플로리다주 마이애미의 한 호텔에서 뮤직비디오를 촬영했는데, 플로리다주는 미국에서 유일하게 야생 홍학을 볼 수 있

플로리다주 광고에 활용된
홍학 이미지

는 곳입니다. 실제로 플로리다주는 여러 관광 포스터, 티셔츠, 공항의 조형물 등에 홍학 이미지를 활용하고 있습니다.[1]

둘째, 홍학은 무리 지어 살아가는 습성이 있기 때문입니다. 뮤직비디오에서는 두아 리파와 떨어지지 않는 친구들이 여럿 등장합니다. 이 친구들은 그녀 곁에서 춤을 추고 노래하며 큰 힘이 되어줍니다. 두아 리파는 인터뷰에서 "어려울 때 나와 함께 있어주던 친구들의 모습이, 서로를 의지하며 살아가는 홍학과 닮아 뮤직비디오에 꼭 넣고 싶었어요"[2]라고 말하면서, 친구들과 자신의 관계를 홍학에 비유했습니다. 〈뉴 룰스〉 뮤직비디오에서, 무리 지어 춤을 추는 홍학처럼 두아 리파와 백댄서들이 함께 춤추는 장면이 인상적입니다. 이 뮤직비디오는 노래가 흥행하는 데 크게 기여했습니다.

물론 같은 종의 생물이 모여 개체군을 형성하는 현상은 여러 동물에게서 흔히 관찰됩니다. 하지만 홍학은 다른 동물에 비해 사교성

두아 리파의 〈뉴 룰스〉 뮤직비디오에 등장하는 홍학

이 매우 높고,[3] 홀로 있으면 두려움을 느낄 정도로 무리 지어 살아가고자 하는 본능이 발달한 동물입니다. 그래서 야생에서 만큼 무리를 확보할 수 없는 동물원에서는 홍학을 사육할 때 스트레스를 덜 받게 하고 번식률을 높이기 위해 사육장에 거울을 설치하기도 합니다. 거울에 비친 홍학을 무리로 인식하며 안정감을 느끼기 때문입니다. 홍

무리 지어 살아가는 홍학

학은 무리 속에서 서로를 의지하며 살아갑니다.

이렇게 홍학이 모여 있는 모습은 많은 사람의 눈길을 사로잡을 만큼 아름답습니다. 이러한 이유로 동물원에서는 입장하자마자 홍학을 만날 수 있도록 관람 코스를 설정하는 경우가 많습니다.

백학(?)이 어떻게 홍학이 되었을까?

쭉 뻗은 날씬한 다리, 분홍빛 깃털, 여기에 다리 하나를 가슴에 묻고 한쪽 다리로 도도하게 서 있는 홍학의 모습은 사람들의 시선을 한눈에 사로잡을 만큼 아름답습니다. 홍학의 '홍紅'은 특유의 붉은 깃털 색에서 유래했습니다. 홍학을 영어로 플라밍고flamingo라고 부르는데, 이는 유럽에서 홍학을 주로 볼 수 있는 이베리아반도 쪽 언어에서 유래했다는 설이 있습니다. 홍학의 색이 마치 불꽃과 같다고 하여 에스파냐어와 포르투갈어의 불꽃flama에서 파생된 것입니다.[4] 그렇다면 홍학이 아니라 '염학炎鶴'으로 불러야 할까요? 사실 홍학과 학(두루미)은 얼핏 비슷해 보이지만 서로 다른 종이므로, 엄밀히 말하면 '학'이라는 표현 역시 틀렸다고 할 수 있습니다.

갓 태어난 새끼 홍학의 솜털은 흰색입니다. 흰색으로 태어난 홍학은 자라면서 점점 붉은색으로 변합니다. 그런데 홍학은 왜 붉은색을 띠는 것일까요? 홍학은 물가를 선호합니다. 주로 해안의 석호, 갯벌 등 염습지에서 서식하며 새우를 비롯한 갑각류, 식물성 플랑

새끼에게 먹이를 주는 어미 홍학©Bernd Hidebrandt

크톤의 일종인 미세 조류microalgae 등을 먹습니다. 그런데 이런 먹이에는 카로티노이드carotenoid라는 색소가 함유되어 있습니다. '카로티노이드'라는 명칭이 당근의 영문명 'carrot'에서 유래한 것처럼, 이것은 붉은색 또는 주황색을 띱니다. 그래서 카로티노이드가 함유된 먹이를 먹고 살아가는 홍학은 자라면서 깃털과 피부색이 마치 당근처럼 붉어집니다. 홍학은 붉은색이 짙을수록 짝짓기할 때 유리하다고 알려져 있습니다. 아무래도 먹이를 충분히 섭취할수록 깃털색이 짙어질 테니, 이런 홍학의 생태에도 충분히 이유가 있어 보입니다.

홍학은 구대륙과 신대륙에 모두 분포하는데, 크게 여섯 종(큰홍학, 꼬마홍학, 쿠바홍학, 칠레홍학, 안데스홍학, 제임스홍학)으로 구분합니다. 얼핏 보면 비슷하게 생긴 것 같지만, 성체의 크기에 따라 구분됩니다. 종에 따라 카로티노이드가 주로 쌓이는 부위와 양도 다르기 때문에 색깔에서도 차이가 나타납니다. 큰홍학과 꼬마홍학은 구대륙인 아프리카, 유럽, 아시아의 해안에서 서식하고, 나머지 네 종은 신대륙인 아메리카 대륙에 서식합니다.

안데스 고산 지대에만 사는 홍학이 있다고?

신대륙에 서식하는 네 종의 홍학 중 쿠바홍학은 가장 붉은색을 띠고 카리브해에서 널리 볼 수 있어 카리브홍학이라고도 합니다. 지리적으로 카리브해와 인접한 플로리다주를 배경으로, 두아 리파의 뮤직비디오에 등장한 홍학이 바로 쿠바홍학입니다.

나머지 세 종류 홍학(칠레홍학, 안데스홍학, 제임스홍학)은 남아메리카에 분포합니다. 칠레홍학은 남아메리카 전역의 해안에 널리 분포합니다. 그리고 안데스홍학과 제임스홍학은 해안이 아닌 고산 지대에 분포합니다. 이 두 홍학은 서식지는 물론 생김새도 유사해, 다리 색깔로 구분합니다. 안데스홍학은 다리가 노란색이고, 제임스홍학은 분홍색입니다. 두 홍학의 주요 서식지는 남아메리카 안데스산맥의 높고 깊숙한 골짜기 사이에 자리한 염호입니다. 그런데 사막에 주로 분포하는 염호가 왜 안데스산맥의 높은 곳에 있는 걸까요?

안데스산맥은 베네수엘라 볼리바르 북서부 지역부터 칠레와 아르헨티나 남부의 티에라델푸에고까지 뻗어 있는, 8,000km가 넘는 거대한 산맥입니다. 안데스산맥은 해양판인 나스카판과 대륙판인 남아메리카판이 충돌하며 형성된 신기 습곡 산지로, 해발 고도 6,000m 이상 산봉우리가 30개가 넘을 정도로 높고 험준합니다. 산맥 중앙에는 알티플라노Altiplano라는 세계에서 두 번째로 넓은 고원이 있습니다. 남위 15~21도에 걸쳐 있는 이곳은 높은 산으로 둘러싸인 분지 형태입니다.

알티플라노고원 북쪽은 적도에 가까워 상대적으로 습윤한 편이지만, 남쪽은 아열대 고압대의 영향을 받는 데다가 높은 산지에 의해 습한 공기가 차단되는 비 그늘rain shadow 효과가 더해져 건조합니다. 이러한 지리적 요인으로 인해 알티플라노고원 북부의 티티카

안데스 고산 지대의 지형. 산맥 가운데 하얀색 부분이 우유니 소금 사막이다.

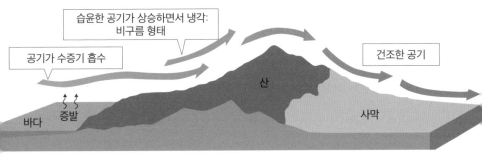

습윤한 공기가 상승하면서 냉각:
비구름 형태

공기가 수증기 흡수

건조한 공기

산

증발

바다

사막

비 그늘 효과 모식도

안데스 고산 지대 염호에서 먹이 활동 중인 제임스홍학©이태우

카호(페루-볼리비아 접경)는 담수호이지만, 남부의 우유니 소금 사막(볼리비아)에는 염호가 있습니다. 신생대 제4기 이전부터 발달한 호수가 현재 기후를 반영해 다양하게 변화한 것입니다. 새하얀 평원이 펼쳐지는 우유니 소금 사막에 물이 살짝 고이는 시기가 되면 수많은 관광객이 방문해 거울에 비친 것처럼 보이는 반영反映 사진을 찍습니다.

이처럼 알티플라노고원 남부에는 건조한 기후로 인해 염호가 발달해 있습니다. 그리고 볼리비아보다 더 남쪽에 위치한 칠레 및 아르헨티나 북부 고산 지대에도 곳곳의 작은 분지에 염호가 나타납니다. 이러한 안데스 고산 지대의 염호가 바로 안데스홍학과 제임스홍학의 주요 서식지입니다.

이곳의 염호는 물이 알칼리성을 띠고 염도가 매우 높아 그 안에 일반적인 생명체는 잘 살지 못하지만, 미세 조류는 살 수 있습니다. 특유의 휘어진 부리 안쪽에 특수 여과 장치가 있는 두 홍학은 물과 소금기를 걸러내고 미세 조류만 섭취합니다. 다른 동물들에게는 먹이가 부족한 염호이지만, 두 홍학은 이러한 방식으로 먹이 활동이 가능합니다. 또한 두 홍학은 해발 고도가 높은 곳에서도 살아갈 수 있도록, 공기주머니가 큰 형태로 진화했습니다.[5] 즉, 두 홍학은 안데스 고산 지대의 염호라는 극한의 환경에서 생존할 수 있도록 진화한 특이한 종입니다.

전기 자동차, '리튬 트라이앵글', 그리고 홍학의 운명은?

✦

최근 독일과 일본이 주도하던 자동차 업계에 커다란 변화가 나타났습니다. 미국의 테슬라가 전기 자동차를 바탕으로 급성장하며 세계 자동차 업계의 변화를 주도하고 있는 것입니다. 폭스바겐, 벤츠 등 기존의 자동차 회사들은 테슬라의 등장과 전기 자동차 기술에 자극을 받아, 내연기관 자동차의 생산을 종료하겠다는 계획을 발표하며 전기 자동차로의 전환을 이행하고 있습니다. 주로 석유를 에너지원으로 하는 내연기관 자동차의 에너지 효율은 17% 정도지만, 전기 자동차의 에너지 효율은 37% 정도로 두 배 이상 높기 때문입니다.[6] 나아가 전기 자동차는 온실 기체 배출이 거의 없어 친환경 자동차라는 인식이 높아지며, 자동차 시장에서 점유율이 점차 증가하고 있습니다.

전기 자동차의 핵심 부품은 바로 고용량·고효율 배터리입니다. 전기 자동차가 자동차 업계를 변화시키고 있는 것은 사실이지만, 내연기관 자동차와 비교할 때 단점도 있습니다. 바로 비싼 가격과 무거운 차량 무게입니다. 이는 모두 배터리 때문입니다. 전기 자동차용 배터리의 핵심 소재는 리튬입니다. 리튬은 모든 금속 중에서 가장 가볍고 부드러워 가공이 용이하며 에너지 저장 용량이 크기 때문에 배터리를 만드는 데 가장 이상적입니다. 일반적으로 전기 자동차 한 대를 만드는 데는 스마트폰 한 개를 만들 때보다 2만 배 정도 많은 리튬이 필요합니다.[7] 즉, 전기 자동차 시장이 커질수록 리튬의 수요도 폭발적으로 증가합니다.

안데스 고산 지대는 '리튬 트라이앵글Lithium Triangle'이라는 별칭으로 불립니다. 볼리비아, 아르헨티나, 칠레 이렇게 3국이 만나는 안데스 고산 지대에 전 세계 리튬 매장량의 절반 이상이 있다고 알려져 있습니다. 보통 광산이라고 하면 땅을 파고 지하로 들어가서 암석을 부수는 장면을 떠올립니다. 리튬 세계 최대 수출국 중 하나인 오스트레일리아를 비롯한 대부분의 나라에서는 채굴한 광석을 가공해 리튬을 추출합니다. 이와 달리 우유니 소금 사막 등이 있는 안데스 고산 지대의 막대한 리튬은 지하수에 녹아 있는 형태입니다. 따라서 이곳에서는 지하수를 증발시켜 산출되는 소금을 정제해서 리튬을 생산하기 때문에 비용이 상대적으로 적게 듭니다. 그로 인해 리튬 트라이앵글 지역은 리튬을 생산하려는 이들에게 매력적인 장소로 떠올랐습니다.

안데스 고산 지대에서 이루어지는 리튬 생산의 첫 번째 단계는 지하수 추출입니다. 여기저기 구멍을 뚫어 파이프를 설치하고 양수기로 지하수를 뽑아냅니다. 그 지하수를 건조한 사막 위 '폰드pond'라고 불리는 넓고 얕은 물웅덩이로 보냅니다. 이곳에서 수 개월에 걸쳐 물이 증발하면, 리튬의 농도가 자연스럽게 짙어집니다. 이렇게 산출된 소금을 리튬 생산 공장으로 보내 정제 과정을 거쳐 리튬을 추출합니다. 그런데 1톤의 리튬을 산출하기 위해서는 약 50만 ~100만 리터의 지하수를 증발시켜야 합니다. 편차가 큰 이유는 지

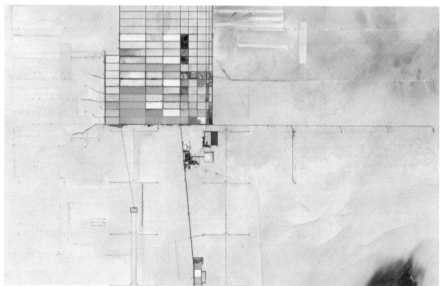

우유니 소금 사막의 리튬 생산 시설을 찍은 위성 영상의 한 장면. 아래 사진은 해당 부분을 확대한 것이다.(NASA)

하수마다 리튬의 농도가 다르기 때문입니다. 그리고 리튬 정제 과정에서 1톤당 8만~14만 리터가량의 담수가 필요합니다.[8]

안데스 고산 지대에는 염호가 많이 분포해 있습니다. 이곳의 염호는 비록 흩어져 있지만 수문 순환hydrologic cycle 과정에서 지하수를 통해 긴밀하게 상호작용하고 있습니다. 리튬 생산을 위해 지하수를 과도하게 추출하면 지하수가 감소하고, 이로 인해 여러 염호에 고인 물의 양도 줄어들게 됩니다. 염호가 점차 메마른다면, 이곳을 서식지로 삼고 있는 안데스홍학과 제임스홍학의 생태에도 위협이 될 수 있습니다. 제임스홍학은 IUCN(국제자연보전연맹)이 지정한 적색 목록Red List에서 '준위협Near Threatened' 등급으로 분류되어 있고, 안데스홍학은 '취약Vulnerable' 등급으로 분류되어 있어, 두 종 모두 서식지 보전이 필요합니다.[9] 감소하는 지하수로 인해 위협받는 생명체는 홍학뿐만이 아닙니다. 이곳을 삶의 터전으로 삼고 살아가는 사람들도 식수 및 생활용수 부족에 시달릴 수밖에 없습니다.

리튬 트라이앵글에 위치한 세 나라는 홍학을 보호하기 위해 습지 네트워크를 구축했습니다. 습지 네트워크는 람사르 협약*의 지역 전략에 통합되어 운영되고 있습니다. 5년마다 홍학의 개체 수를 조사하고, 홍학의 보전을 방해하는 요소를 줄여나가려 애쓰고 있습니다. 그리고 이들 나라는 '이동성 야생 동물 종 보전에 관한 협약'을 체결해 계절에 따라 이동하는 안데스홍학과 제임스홍학의 이동

---

*   공식 명칭은 '물새 서식지로서 국제적으로 중요한 습지에 관한 협약'이다.

칠레 아타카마사막 염호 위를 날아다니는 제임스홍학

경로 및 개체 수 등을 체계적으로 모니터링하고 주요 서식지인 염호의 환경을 보전하고자 합니다.

하지만 리튬 트라이앵글에 위치한 볼리비아, 아르헨티나, 칠레는 천연자원을 활용해 국가 경제발전을 도모해야 하는 개발 도상국입니다. 급속도로 성장하는 전기 자동차 산업에서 리튬의 막대한 경제적 가치를 무시할 수 없습니다. 따라서 세 나라는 홍학을 보전해야 한다는 측면과 리튬 개발을 통해 많은 이윤을 확보해야 한다는 측면에서 딜레마에 놓여 있습니다. 사실 전기 자동차는 화석 연료를 덜 사용해 탄소 배출을 줄여 기후위기에 대응하고자 하는 의도에서 개발되었습니다. 그런데 '친환경적인' 전기 자동차의 생산을 늘릴수록 리튬 트라이앵글에 서식하는 홍학에게는 위협이 되고 있습니다. 이런 상황에서 홍학은 전기 자동차를 미워할 수밖에 없습니다. 홍학을 지키면서 전기 자동차를 타고 기후위기를 이겨낼 해결책이 있는지 모두가 고민해야 합니다.

고래를
강으로 보낸
산맥!
아마존강돌고래

만약 돌고래가 분홍색이라면

'책이 동그란 모양이라면?' 또는 '고양이가 멍멍 짖는다면?' 대부분의 책은 네모난 형태이고, 고양이는 야옹 소리를 냅니다. 세 살 먹은 아이도 동그란 모양의 책, 멍멍 짖는 고양이가 일반적이지 않다는 사실을 알 수 있습니다. 하지만 가끔 이러한 상상을 통해 지루한 일상을 잠시나마 탈출해보면 어떨까요?

그렇다면 이런 상상은 어떤가요? '돌고래가 분홍색이라면?'

돌고래는 푸른색이나 회색이지, 분홍색일 리가 없습니다. 물에서 사는 물고기나 고래, 돌고래 등의 수상 동물은 대부분 짙은 푸른색이거나 은색 혹은 회색을 띱니다. 왜냐하면 보호색을 통해 적의 눈에 잘 띄지 않도록 진화했기 때문입니다. 하늘이나 뭍에서 물을 내려다보면 짙은 푸른색으로 보이고, 물속 깊은 곳에서 물 위를 올려다보면 햇빛에 의해 은색이나 회색으로 보입니다. 이러한 이유로

고등어, 다랑어, 돌고래와 같은 동물의 등이 진푸른색을 띠고, 많은 수상 동물이 은색이나 회색을 띱니다. 그런데 분홍색 돌고래라니, 상식적으로 이해가 되지 않을 수도 있습니다.

우리가 알고 있는 돌고래는 진푸른색 등과 회색 배를 가졌지만, 돌고래가 분홍색이기를 바라는 재미있는 상상을 하는 사람은 주변에 의외로 많습니다.

먼저, 불법 포획되어 수족관에 갇힌 남방큰돌고래 '제돌이'를 야생에 방사하는 과정을 담은 남종영 환경 저널리스트의《잘 있어, 생선은 고마웠어》라는 책 표지에는 분홍색 돌고래 여러 마리가

남방큰돌고래 '제돌이'의 야생 방사 과정을 그린 책《잘 있어, 생선은 고마웠어》

해양환경 시민단체 '핫핑크돌핀스'의 로고

푸른 바다를 헤엄치는 삽화가 그려져 있습니다. 또한 남방큰돌고래를 비롯한 우리나라 수족관에 갇힌 고래류를 바다로 돌려보내고 해

양환경 보전을 위해 힘쓰는 시민단체 '핫핑크돌핀스'의 명칭 및 로고에도 분홍색 돌고래가 들어 있습니다. 아마도 분홍색이 '순수' '낙천주의' '부드러움' 등을 상징하기 때문에, 동물원이나 수족관 등에 갇혀 있는 안타까운 돌고래들이 자연으로 돌아갔으면, 하는 순수하고 따뜻한 마음을 표현한 것 아닐까 짐작해봅니다.

그런데 실제로 지구상에 분홍색 돌고래가 존재합니다. 바로 남아메리카에 살고 있는 아마존강돌고래Amazon river dolphin입니다. 아마존강돌고래는 몸 색깔이 분홍색을 띕니다. 물론 모든 개체의 몸 전체가 분홍색을 띠는 것은 아니고, 회색과 분홍색이 섞여 있는 경우가 많습니다. 그렇지만 분홍색 돌고래가 있다는 점만으로도 놀랍습니다.

아마존강돌고래는 왜 분홍색일까요? 그 이유는 놀라거나 흥분할 때 피부 표면의 모세혈관이 비치기 때문이라고 합니다. 하지만 아마존강돌고래의 생태 연구가 제대로 이루어지지 않아 이마저 불확실합니다.

색깔도 독특하지만 아마존강돌고래는 바다가 아니라 아마존강과 같은 하천에 산다는 점 또한 특이합니다. 아마존강돌고래가 이곳에 살게 된 이유는 안데스산맥 때문입니다. 아마존강돌고래에게 무슨 일이 있었던 걸까요? 먼저 포유류인 돌고래가 어떻게 물속에서 살게 되었는지부터 살펴보겠습니다.

먹이를 찾아 물에 뛰어든 고래들

고래와 돌고래, 즉 고래류는 언뜻 보면 물고기와 겉모습이 유사합니다. 물고기는 팔다리가 없고 지느러미로 물속에서 헤엄치면서 살아간다는 공통점을 지닙니다. 하지만 고래류는 물고기와 달리 포유류로 분류됩니다. 포유류는 따뜻한 피를 지니고, 폐로 공기 호흡을 하며, 새끼가 어미의 몸속에서 어느 정도 자란 뒤에 태어나는 것이 특징입니다. 고래류도 여느 포유류처럼 폐로 공기 호흡을 합니다.

고래류는 원래 육지에 살던 포유류인데, 바다로 이동해 수상 동물로 진화했음에도 불구하고 여전히 포유류의 특징을 지니고 있습니다. 고래류는 고도로 발달한 뇌를 지니고 있어 복잡한 사회적 행동을 합니다. 예를 들어, 어미 배 속에 있다가 꼬리지느러미부터 나온 새끼가 첫 숨을 쉬려고 수면 위로 올라갈 때, 주위의 다른 고래들이 합심해서 도와주는 것이 대표적입니다.[1]

고래류는 언제부터 바다에서 살았을까요? 약 5,500만 년 전 신생대 육지에는 이들의 조상인 파키케투스Pakicetus라는 동물이 있었습니다. 파키케투스는 얼핏 늑대를 닮았지만, 네 다리에 발굽이 있는 우제류偶蹄類였습니다. 즉, 고래류의 조상은 소, 사슴, 돼지, 하마 등과 유사했습니다. 파키케투스는 테티스해Tethys Sea*로 나아갔습

---

* 고생대 말기에서 신생대 초기까지 북반구 유라시아 대륙과 남반구 곤드와나 대륙 사이에 있었던 바다. 현재는 지중해, 흑해, 카스피해 등으로 나뉘어 남아 있다.

고래류의 조상으로 알려진 파키케투스

니다. 육지 동물들 간의 먹이다툼에서 살아남기 위해 경쟁자가 적은 바다로 진출한 것입니다. 파키케투스는 수심이 얕고 따뜻한 테티스해와 육지를 오가면서 얕은 바다에서 헤엄을 치며 먹이를 잡아먹고 살았습니다. 얕은 바다와 육지를 오가자 주둥이는 점점 길어지고 이빨은 물고기를 잡기 편하도록 날카로워졌습니다. 그렇게 1,000만 년 정도 지나자, 바닷속 생활에 적응하는 과정에서 파키케투스의 꼬리는 지느러미 형태로 진화하고 뒷다리는 작아졌습니다. 그리고 약 500만 년 전, 오늘날의 고래와 돌고래가 출현했습니다.[2]

고래류는 물고기보다 뒤늦게 물로 진출했지만, 오히려 물고기보다 수중 생활에 효과적으로 진화한 부분도 있습니다. 첫째, 물고기는 꼬리지느러미의 형태가 수직인 데 반해 고래류는 수평입니다. 꼬리지느러미가 수평이면 수중에서 빠른 속도로 상승하거나 하강할 수 있습니다. 물고기의 수직 꼬리지느러미가 좌우 방향키 역할을 한다면, 고래류의 꼬리지느러미는 승강기 역할을 합니다. 둘째, 고래류는 피하 지방층이 두꺼워 물속 깊이 잠수해도 체온을 유지할 수 있습니다. 북극해나 남극해에서 먹이를 찾을 때도 피하 지방 덕분에 추위를 이겨낼 수 있습니다.[3] 셋째, 고래류는 반향 정위反響定位, echolocation 능력이 있습니다. 반향 정위란 고주파의 음파를 발산해 물체에 반사되는 것을 감지해서 물속 환경을 인지하는 방법을 말합니다. 고래류는 물속에서 살아가는 그 어떤 동물보다 이 능력이 뛰어납니다.

그런데 수많은 고래류 가운데 강에서 서식하는 강돌고래는 어떻게 등장한 것일까요? 바다에서 진화해 다양하게 분화한 고래와 돌고래 중 일부 돌고래가 '바다와 같은 큰 강'으로 거슬러 올라갔는데, 강돌고래는 해당 환경에 적응해서 분화된 종입니다.

강돌고래로 분류되는 종은 아마존강돌고래, 라플라타돌고래, 인더스강돌고래, 양쯔강돌고래입니다. 아마존강돌고래는 남아메리카의 아마존강과 오리노코강에서 서식하며 분홍색을 띠는 가장 대표적인 강돌고래이고, 라플라타돌고래는 아르헨티나와 우루과이의 라플라타강 어귀에서 서식합니다. 인더스강돌고래는 남부 아시아의 인더스강과 갠지스강에서 서식하고, 양쯔강돌고래는 중국의 창장강(양쯔강)에서 서식하다 2007년에 멸종된 것으로 알려졌으나, 2016년에 다시 발견되었습니다. 한편, 이라와디강돌고래와 아마존강에서 서식하는 투쿠시도 강에 살지만 바다에 사는 돌고래와 유사하기 때문에 독립적인 강돌고래종으로 분류하지 않습니다.

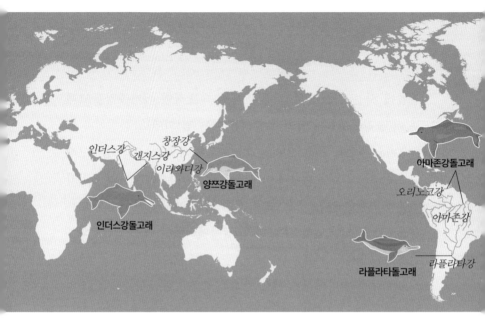

강돌고래의 서식지 분포

분홍빛이 선명한 아마존강돌고래

안데스산맥과 아마존강돌고래의
놀라운 관계

✦

민물에 사는 강돌고래 중에서 가장 대표적인 아마존강돌고래는 여느 강돌고래와 달리 분홍색을 띠는 점 외에도, 몸길이가 약 2~2.6m, 몸무게가 60~100kg으로 몸집이 매우 큽니다.[4] 강돌고래는 일반적으로 얕은 바다에서 서식하다가 큰 강으로 거슬러 올라가 민물에 적응했습니다. 그런데 아마존강돌고래의 진화 과정은 다른 강돌고래보다 한 발짝 더 나아가, 남아메리카의 지형 발달사와도 관련이 많습니다.

지도에서 남아메리카 적도 일대를 중심으로 보면, 아마존강의 본류는 크게 남아메리카를 서쪽에서 동쪽으로 가로질러 흘러갑니다. 서쪽에는 남북으로 높고 험준한 안데스산맥이 있고, 이 안데스산맥에서 발원한 물이 모여 아마존강이 됩니다. 하지만 과거의 아마존강은 현재와 반대 방향, 즉 동쪽의 브라질고원 및 기아나고원에서 발원해 서쪽의 태평양으로 흘렀습니다. 그러다가 약 1,500만 년 전 대륙판인 남아메리카판에 해양판인 나스카판이 섭입했고, 이 과정에서 현재와 같이 높고 험준한 안데스산맥이 남아메리카의 서쪽에 남북 방향으로 길게 형성되기 시작했습니다. 이에 따라 아마존강의 물은 서쪽에 자리한 태평양으로 더 이상 흘러가지 못하게 되었습니다.

아마존강 유역에서 빠져나가지 못한 채 호수처럼 고인 물이 마

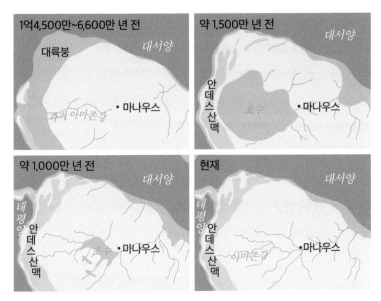

남아메리카의 지형 발달 과정

침내 동쪽에 자리한 대서양으로 빠져나가는 현재의 물길을 형성하기까지 무려 약 500만 년이 걸렸습니다.[5] 그 긴 시간 동안 아마존 분지에 놀랍도록 다양한 진화가 나타났습니다. 대표적인 것 중 하나가 서쪽 강 하구에서 태평양으로 들락거리던 돌고래가 아마존 분지 내륙에 고립되어 강돌고래로 진화한 것입니다.

아마존강돌고래는 아마존의 열대림에 완벽하게 적응한 강돌고래입니다. 아마존강 유역은 연중 기온이 높고 비가 많이 오는 기후가 나타납니다. 이로 인해 키가 매우 큰 나무부터 키가 작은 나무까지 다양한 식생이 빽빽하게 들어찬 열대림이 발달해 있습니다. 비가 많이 올 때는 강물이 범람해 강 주변의 평지와 숲이 호수와 늪지대로 변합니다. 그러면 아마존강돌고래는 물에 잠긴 나무들 사이 좁은 틈으로 유유히 헤엄치며 다닙니다. 일반적인 돌고래가 목이 퇴화한 것과 달리 아마존강돌고래는 목이 있어 머리를 90도 가까이 회전할 수 있고, 전반적으로 몸이 매우 유연해 좁고 얕은 물길 사이를 쉽게 헤엄쳐 다닙니다.[6] 그리고 여느 바다 돌고래와 달리 등지느러미의 높이가 낮아 나뭇가지에 걸릴 위험이 적습니다. 또한 흙으로 인해 매우 탁한 강이나 호수 및 늪지대에서도 뛰어난 반향 정위 능력을 활용해 장애물을 감지하고, 먹이의 위치를 파악할 수 있습니다.

아마존강돌고래는 아마존에 오래전부터 살아온 원주민과 유대 관계를 쌓아왔습니다. 비가 많이 내려 원주민 마을이 물에 잠기면 아마존강돌고래는 헤엄쳐서 집 근처로 다가옵니다. 귀여운 생김새와 사람을 경계하지 않고 따르는 특성 때문에 원주민과 가까워졌을 것입니다. 아마존 원주민에게는 특히 아마존강돌고래에 얽힌 설화가 많습니다. 대표적인 설화 중 하나는 아마존강돌고래가 사람으로 변신해서 원주민의 넋을 앗아가거나 황홀한 수중 도시 '엥캉치'로 유괴해간다는 내용입니다.[7] 또 잘생긴 남자가 원주민 여자에게 금붙이를 선물로 주면서 허영심을 자극하고는 아마존강돌고래로 변신해서 도망갔다는 설화도 있습니다.[8]

이러한 원주민의 설화는 신비로우면서도, 한편으로는 문명 발달 수준이 낮았을 때 생겨난 허무맹랑한 이야기처럼 들리기도 합니다.

아마존 원주민과 가깝게 지내는 아마존강돌고래

하지만 유럽인들이 이주하기 전부터 아메리카 대륙에 오랫동안 살아온 '선주민先住民'으로서, 해당 지역에서 슬기롭게 살아가기 위한 유의미한 토착 지식local knowledge으로 재해석하면 어떨까요? 언뜻 아마존은 무덥고 비도 많이 오기 때문에 먹을거리가 넘쳐날 것 같지만, 실제로는 땅속에 영양분이 거의 없어 농사가 잘되지 않습니다. 교통과 물류가 발달하지 않았던 시절에는 이 지역 내에서 한정된 먹거리를 나누어야 했기에, 부富에 욕심을 갖거나 허영을 부리면 안 되었을 것입니다. 따라서 욕심 부리지 말고 양심껏 살아야 한다는 교훈이 담긴 설화가 널리 구전되었을 것이고, 이때 사람을 가장 닮은 친숙한 아마존강돌고래가 활용된 것으로 해석할 수 있습니다.

고래에게 수족관은
감옥입니다!

2022년, 많은 인기를 끈 TV 드라마 〈이상한 변호사 우영우〉를 보셨나요? 고래를 좋아하는 주인공 우영우 변호사는 수족관의 고래를 같이 구경하러 가자는 동료의 제안을 "고래에게 수족관은 감옥입니다!"라고 대답하며 거절합니다. 고래는 평균 수명이 40년 정도이지만, 수족관에서는 스트레스로 인해 4년 정도밖에 살지 못합니다. 이 때문에 수족관을 감옥으로 비유한 것입니다.

다른 해양 동물에 비해 특히 고래에게 수조가 감옥처럼 여겨지는 이유는 앞서 언급한 반향 정위 능력 때문입니다. 바다나 강에 비해 훨씬 좁은 수조에서는, 발산한 음파가 유리벽에 반사되어 계속 고래에게 되돌아옵니다. 즉, 고래류는 수조 안에 갇혀 이명 증세를 보이게 되면서 큰 스트레스를 받게 됩니다. 이 때문에 많은 환경 단체가 고래류의 수조 전시를 비판합니다. 그래도 각계의 노력과 동물 권리에 대한 의식이 신장되어 일부 고래류가 수조를 벗어나 야생으로 돌아갔습니다. 하지만 여전히 우리나라에는 2022년 8월 기준으로 남방큰돌고래, 벨루가 등 21마리의 고래류가 '감옥'에 갇혀 있습니다.[9]

감옥에 갇힌 인간도 있습니다. 좁은 공간에서 자유를 구속받는 고통은 그만큼 큰 범죄에 대한 처벌인 셈입니다. 사람들은 수족관에 가서 수중 동물을 접하면 없던 관심도 생깁니다. 하지만 드넓은 바다와 강을 누비던 돌고래가 감옥 같은 수족관에서 고통받아야 할 마땅한 죄를 저지른 것은 아닙니다. 뛰어난 지능으로 인간과 친밀한 관계를 형성하는 고래류에 대해, 인간이 어떻게 해왔는지 자성해야 한다는 목소리가 높아지고 있습니다. 다행히 아마존강돌고래는 우리나라 수족관에 갇혀 있지 않지만, 한때 대전광역시에서 아마존강 돌고래 수족관 전시를 시도하려다가 실패한 사례가 있습니다. 최근에는 인간 중심의 사고를 버리는 것이 지구 생태계 보전에도 도움이 된다는 생각이 많이 확산되어가고 있습니다. 아마존강돌고래를 비롯한 수많은 돌고래의 생태에 대한 관심이 더욱 필요합니다.

껑충껑충 캥거루,
먹으면
착한 육식?
캥거루

캥거루가 꼬리곰탕에?

✦

뜨끈한 국물은 추운 겨울 한국인의 마음 깊숙한 곳까지 온기를 채
워주는 음식입니다. 한식은 국물 요리가 특히 발달해 있고, 그중에
서도 오랜 시간 푹 끓여 고아낸 곰탕은 국물 맛이 좋습니다. 곰탕은
나주가 특히 유명합니다. 전국 어디를 가든 나주곰탕을 파는 음식
점을 찾을 수 있습니다. 나주곰탕의 발생지인 전남 나주에는 곰탕
거리가 있을 정도입니다. 식욕을 자극하는 곰탕의 뽀얀 국물은 대
체로 내장이나 뼈를 진하게 우려낸 것입니다.

곰탕의 재료로는 꼬리 부위를 즐겨 사용합니다. 꼬리는 뼈가 대
부분이고, 살코기나 지방은 적기 때문입니다. 일반적으로 꼬리곰탕
에는 소꼬리가 사용됩니다. 한식에서는 동물로부터 얻은 재료를 함
부로 버리지 않고, 소의 꼬리뼈와 뼈에 붙어 있는 살점까지 남기지
않고 먹습니다.

인간보다 덩치가 한참 큰 소에게 꼬리는 그다지 큰 부위가 아닙니다. 그래서 꼬리곰탕을 끓이기 위해서는 많은 양의 소꼬리가 필요합니다. 같은 꼬리인데 구하기 쉽고 가격까지 저렴하다면 훌륭한 대체재가 될 수 있겠지요. 이런 상황에서 소꼬리 대신 캥거루꼬리를 재료로 한 캥거루곰탕이 생겨났습니다. 캥거루kangaroo는 꼬리가 아주 굵고 긴 데다, 뼈도 굵고 살코기도 훨씬 많기 때문입니다. 심지어 콜라겐, 단백질 등의 함량이 높아 식품 영양 측면에서도 훌륭하고 가격까지 저렴합니다.

인간은 두 발로 걸어 손이 자유로운 편이지만, 세상에는 네 발을 모두 땅에 딛고 살아가는 동물이 많습니다. 그런데 캥거루는 뒷발로 뛰어다닙니다. 캥거루를 보면, 마치 인간처럼 서서 생활한다는 인상을 받습니다. 캥거루가 두 발로 서 있을 때 꼬리는 안정적으로 몸을 지탱해줍니다. 그래서 캥거루는 다른 동물에 비해 꼬리가 훨씬 발달하여 사실상 다리가 다섯 개라고 볼 수도 있습니다.

캥거루속에 속하는 동물에는 캥거루, 왈라비, 왈라루 등 다양한 종류가 있습니다. 이 중 덩치가 큰 붉은캥거루, 동부회색캥거루, 서부회색캥거루, 안틸로핀캥거루 등 4종을 통상적으로 캥거루라고 부릅니다. 붉은캥거루는 키가 2m가 넘는 개체가 있을 만큼 덩치가 크지만, 같은 캥거루속에 속하는 왈라비는 키가 약 50cm에 불과할 정도로 작습니다. 대부분의 캥거루는 뒷다리를 개별적으로 움직일 수 없어 뒤로 가지 못하지만, 대신 빠르게 뛰어다닐 수 있도록 뒷다리가 매우 길쭉합니다.

붉은캥거루(위)와 왈라비(아래)

캥거루가 어설프게 또는 우스꽝스럽게 껑충껑충 뛰어다니는 모습이 인상적이다 보니, 일상의 모습을 캥거루에 비유하는 경우가 종종 있습니다. 우리나라에서는 법의 원칙을 따르지 않고 판결하는 엉터리 재판을 '널뛰기 판결'에 빗대어 부르는 경우가 많은데, 다른 나라에서는 적법 절차를 건너뛰는 엉터리 재판을 '캥거루 재판'이라고 부릅니다. 단속 카메라 앞에서만 살짝 속도를 낮추었다가 바로 과속하는 얌체 운전을 '캥거루 운전'이라고 비유하기도 합니다.

캥거루는 새끼를 키우는 주머니가 있는 동물입니다. 그래서인지 새끼를 품고 있는 모습을 상징하기도 합니다. 부모가 기저귀만 찬 갓난아기를 가슴에 안고 포대기로 품어서 키우는 육아 방식을 '캥거루 케어'라고 부릅니다. 성인이 되어서도 부모의 품에서 독립하지 않는 자녀를 '캥거루족'이라고 부르는 것도 이러한 캥거루의 육아 방식과 관련이 있습니다.

유대류의 대륙, 오스트레일리아

✦

캥거루는 그야말로 오스트레일리아를 상징하는 동물입니다. 한 나라를 상징하는 그림과 문자로 이루어진 표지를 국장이라고 하는데, 오스트레일리아의 국장에는 에뮤와 함께 캥거루가 등장합니다. 오스트레일리아 국영 항공사인 콴타스Qantas의 로고에도 캥거루가 형상화되어, 콴타스는 '날아다니는 캥거루The Flying Kangaroo'라는 별

명을 얻었습니다. 또 오스트
레일리아 국가대표 축구팀을
캥거루에서 이름을 따 사커
루Socceroos라고 부를 정도입
니다.

캥거루와 에뮤가 있는 오스트레일리아 국장

캥거루는 유대류有袋類,
Marsupial로 분류되는 동물입
니다. 오스트레일리아에는
유대류가 유난히 많습니다.
대부분의 포유류는 태반이 있어 엄마 배 속에서 엄마의 영양분을
받아 먹으며 자라는데, 유대류는 새끼를 기르는 육아낭이 있어 태
어난 다음에도 새끼주머니 안에서 자랍니다.

태반이 있는 포유류와 새끼주머니가 있는 포유류는 동물의 진화
과정을 이해하는 데 중요한 의미를 지닙니다. 생물지리학자 앨프리
드 월리스Alfred R. Wallace(1823~1913)는 이러한 차이점에 주목해, 말
레이 제도에서 자연선택에 의한 진화라는 아이디어를 정리했습니
다. 이러한 생각은 찰스 다윈Charles Darwin이 《종의 기원》을 발표하
는 데 영향을 주었습니다.

말레이 제도 북쪽으로는 유라시아 대륙이, 남쪽으로는 오스트레
일리아가 있습니다. 그리고 서쪽으로는 인도양, 동쪽으로는 태평양
을 각각 접하고 있습니다. 세계에서 두 번째로 큰 섬인 뉴기니, 세
번째로 큰 섬 보르네오섬(칼리만탄섬), 여섯 번째로 큰 섬 수마트라

오스트레일리아 국영 항공사 콴타스의 캥거루 로고

해수면이 하강하는
시기에 육지가 더
넓어졌다.(진한
부분까지 확장)

섬, 열한 번째로 큰 섬 술라웨시섬이 모두 이 일대에 있습니다. 말레이 제도의 섬들은 다시 큰 섬들이 모여 있는 대순다열도, 작은 섬들이 모여 있는 소순다열도로 구분합니다.

말레이 제도에서 야외 조사를 하던 월리스는 아시아와 오세아니아 사이에 동물군의 단절 현상이 나타난다는 점을 발견했습니다. 아시아의 동물 분포와 오스트레일리아의 동물 분포가 서로 달랐던 것입니다. 두 동물구動物區의 경계에 해당하는 선을, 후대에 발견자의 이름을 따서 월리스 선Wallace Line으로 부르게 되었습니다.

아시아에 위치한 중국 랴오닝성遼寧省 서부의 이셴義縣 지층에서 주머니가 있는 포유류와 태반이 있는 포유류가 모두 화석으로 발견되었다는 점은 유라시아에서 진화한 포유류의 두 분류가 전 세계로 퍼졌다는 주장을 뒷받침합니다. 중생대를 지나며 유라시아에서는 유대류가 멸종한 반면, 오스트레일리아로 넘어간 유대류는 생태계에서 중요한 지위를 차지했습니다.

빙기glacial period처럼 해수면이 하강하는 시기에는 말레이반도와 인도차이나반도 사이 타이만, 보르네오해, 자와해 일대의 얕은 바다가 모두 넓은 육지로 드러나며, 이처럼 빙기 때 육지였던 이곳을 일컬어 순다랜드Sundaland라고 부릅니다. 오스트레일리아 대륙 쪽에서는 뉴기니 사이에 있는 바다가 육지로 드러나 연결되었는데, 이 일대는 사훌랜드Sahul-land라고 부릅니다.

하지만 빙기에도 순다랜드와 사훌랜드 사이에 있는 롬복해협처럼 수심이 깊은 바다는 육지와 연결되지 않았습니다. 유라시아와 오스트레일리아 사이에서 말레이 제도라는 징검다리를 건너지 못하고 좁은 바다에 막혔기 때문에, 오세아니아는 다른 대륙에서 쉽게 볼 수 없는 독특한 생태계가 형성될 수 있었습니다.

애버리지니와 캥거루 개체 수의 함수 관계

아프리카 대륙에서 출발한 인류가 유라시아를 거쳐 아메리카 대륙 남쪽 끝까지 이동했지만, 먼 바다를 넘어 오세아니아에까지 이동한 과정은 신기하기만 합니다. 학자들은 인류가 동남아시아의 순다랜드에서 뉴기니와 오스트레일리아 일대의 사훌랜드까지 이동했을 것으로 추정합니다. 오스트레일리아 동남부의 마른 호수 멍고호 Lake Mungo에서 발견된 화석 인류는 오스트레일리아에 오래전부터 인간이 거주하고 있었음을 말해줍니다.

이렇게 오스트레일리아에 거주해온 원주민을 흔히 애버리지니 Aborigine라고 부릅니다. 애버리지니는 라틴어로 '오래전부터ab-' '기원한origin' 사람이란 뜻으로, 오스트레일리아 땅에 최초로 살았던 사람을 의미합니다. 오늘날 오스트레일리아에는 98만 명 이상의 원주민이 살고 있으며, 이는 오스트레일리아 총인구의 약 3.8%를 차지합니다(2021년 기준).[1] 애버리지니는 오스트레일리아의 자연환경에 적응해서 살아왔고, 특히 캥거루를 주요 단백질 공급원으

캥거루를 사냥하는 애버리지니의 모습을 그린 그림(Joseph Lycett, 1817)

오스트레일리아의 국기와 나란히 게양된 애버리지니 깃발

로 삼아왔습니다. 오스트레일리아 북동부에 주로 거주하던 구구이미티르Guugu Yimithirr라는 애버리지니가 있습니다. 이들은 자신들의 거주지에 사는 동부회색캥거루를 '강구루gangurru'라고 불렀습니다. 그리고 먼 훗날 인데버호를 타고 오스트레일리아 북동부에 당도한 제임스 쿡James Cook(1728~1779)은 구구이미티르어의 '강구루'를 '캥거루'라고 받아 적었고, 이후 전 세계에서 이 동물을 캥거루라고 부르게 되었습니다.

오랜 기간 유라시아와 격리되어 독자적으로 발달해온 오스트레일리아의 생태계는 인간으로 인해 변화의 압력을 받습니다. 오스트레일리아에는 캥거루와 같은 초식 동물을 사냥하는 육식 동물로 유대류인 주머니늑대가 있었지만, 수천 년 전 동남아시아에서 인간과 함께 건너온 들개 딩고에게 밀려나 사실상 멸종되었습니다. 주머니늑대가 차지하던 지위를 대체한 딩고가 번성하자, 유럽인들은 가축의 피해를 막기 위해 1860년대부터 만리장성보다 긴 딩고 울타리Dingo Fence까지 설치했습니다.

유럽계 이주민들은 오스트레일리아의 인간 사회도 변화시켰습니다. 오스트레일리아는 백인을 위해 '하얀 오스트레일리아가 되어야 한다'(백호주의白濠主義, White Australia policy)는 정책을 펼쳤습니다. 이 과정에서 애버리지니를 오스트레일리아에서 사라지게 하려는 목적으로 애버리지니 아이들을 납치해 기숙학교에 집어넣고 백인 가정에 입양시키는 만행을 저질렀습니다. 이들을 '도둑맞은 세대Stolen Generations'라고 부릅니다.

유럽계 이주민이 몰려오면서, 오스트레일리아의 최상위 포식자로서 캥거루를 사냥하던 애버리지니의 수가 감소했습니다. 또한 유럽계 이주민은 목장의 양과 소를 해치는 딩고도 죽였습니다. 결국 유럽계 이주민의 영향으로 포식자 수가 급감하자, 캥거루의 개체 수는 반사이익을 얻어 급증했습니다. 2019년 기준 오스트레일리아의 캥거루 수는 약 4,280만 마리나 됩니다.[2] 캥거루는 오스트레일리아의 총인구(2022년 기준 약 2,589만 명)보다 두 배 가까이 많고, 오스트레일리아 전역에 서식하며, 이동 속도가 빨라 인위적인 개체 수 통제가 어려운 것이 현실입니다. 캥거루는 어느새 아웃백Outback이라고 불리는 광활한 오스트레일리아 황무지의 주인으로 등극했습니다.

캥거루 육식을 둘러싼 윤리 논쟁

오스트레일리아 정부는 급증하는 캥거루의 개체 수를 조절하기 위해 캥거루 사냥을 허가하고 있습니다. 특히 뉴사우스웨일스주의 경우 지나치게 많은 캥거루로 인한 피해를 줄이기 위해 자원봉사해줄 사냥꾼을 모집하고 있으며, 주정부 차원에서 '인도적인humane' 방식의 사냥 가이드라인을 구체적으로 제시하기도 합니다.

한편, 오스트레일리아에서는 캥거루 개체 수를 조절하기 위해 캥거루 고기 식용을 장려하는 움직임이 일고 있습니다. 고기 중 캥거루 고기만 먹는 사람들을 '캥거테리언kangatarian'이라고 합니다.

캥거테리언과 육식 문화를 둘러싼 이야기를 살펴보겠습니다. 먼저 윤회 사상의 영향으로 육식 자체를 근본적으로 거부해 인도에서 채식 문화가 발달한 것과 툰드라의 혹독한 추위 속에서 네네츠족이 순록을 날로 먹는 것은 모두 인간이 각 지역 상황에 적응하면서 살아온 모습일 뿐입니다. 따라서 오랜 삶의 방식에 대해 식재료로 우열을 구분하는 사고방식은 문화 상대주의 관점에서 편협한 측면이 있습니다.

인도적인 방식의 캥거루 사냥 규정 안내(뉴사우스웨일스주)

하지만 현재의 육식 문화를 인류의 지속 가능한 발전 측면에서 비판할 수는 있습니다. 육식 문화의 영향은 다차원적입니다. 인간의 편의를 위해 만들어진 공장식 축산, 방목이 늘어나면서 숲이 파괴되고 토양이 유실되는 환경 파괴, 되새김질 동물의 방귀에서 발생하는 메탄methane(메테인)과 운송 과정에서 사용되는 화석 연료 등은 모두 인류의 지속 가능성에 부정적 영향을 미칩니다. 육류 소비량이 많은 선진국의 중산층 이상 사람들이 지구 생태계에 미치는 부담은 분명하고, 이러한 구조적 문제를 극복하기 위한 채식 확대

오스트레일리아에서 판매 중인 캥거루 고기©Eric in SF

식당에서 판매 중인 캥거루 스테이크©서태동

도 분명 의미가 있습니다.

한편 인간은 분명 잡식성 동물이고, 동물성 단백질에서 얻는 영양분은 인간 생활에 도움이 됩니다. 개발 도상국의 대다수 서민과 빈민은 애초에 육류를 소비할 여력이 없어 원치 않아도 채식 중심으로 살아갑니다. 어쩌면 선진국에서 말하는 채식 권장 운동은 부족할 수 있는 영양분을 챙길 여유가 있는 '먹고살 만한' 인간의 문화일 수도 있습니다.

이러한 측면에서 캥거루 고기를 먹는 오스트레일리아의 캥거테리언은 육식에 대한 비판을 비켜갑니다. 캥거루는 다른 가축보다 물도 아끼고, 사료나 목초지도 필요 없습니다. 캥거루 고기에는 항생제, 성장 호르몬 및 화학 물질도 없고, 단백질, 철분, 불포화지방산, 비타민B가 풍부하며 지방이 적습니다. 캥거테리언에게 캥거루 고기는 야생에 대한 이미지와 기억을 도시 공간에서 느끼게 해주며, 의도적으로 동물을 사육하지 않고 자연을 활용한다는 전통적인 식량 조달 방식을 떠올리게 합니다.

하지만 캥거테리언이 근거로 삼는 캥거루의 개체 수 조절이라는 접근 자체가 가축에게 돌아가야 할 토지, 풀, 목초지, 물 자원 등을 두고 경쟁하지 않겠다는 유럽계 이주민 중심의 사고방식이라는 비판도 있습니다. 유럽계 이주민이 생태계와 애버리지니의 삶을 자본주의와 식민주의 형태로 파괴해온 맥락을 고려하면, 캥거루 사냥은 사회생태학적 폭력의 연장선에 있다고 할 수 있습니다.

최근 들어 환경과 윤리에 대한 관심이 점점 더 높아지고 있습니다. 인류와 함께해온 육류 섭취 문화는 도덕적 딜레마에 놓이게 됩니다. 환경에 대한 부담을 줄이면서 고기도 먹고 싶은 현대인의 딜레마는 오스트레일리아에 상륙해 캥거테리언이라는 방식으로 제한적인 타협점을 찾은 듯합니다. 그러나 세계 최대 규모로 육상 야생 동물이 상업적으로 도살되는 오스트레일리아에서 캥거루를 바라보는 시각은 다각적으로 교차하며 충돌하고 있습니다.

한편, 인간 중심주의를 내려놓고 오스트레일리아 땅 입장에서 바라보면, 오스트레일리아에 사는 사람들과 동물의 관계는 그저 먹이사슬의 변화처럼 보이기도 합니다. 오스트레일리아 땅에 '비인간동물'인 캥거루가 살고 있었는데 캥거루의 포식자인 '인간동물' 애버리지니가 왔습니다. 그리고 이어서 새로운 '인간동물'인 유럽계 이주민이 온 뒤 그들이 데려온 양과 소를 포식하며 우월한 문명을 자랑하고, 그 과정에서 애버리지니의 수가 줄고 캥거루가 급증했습니다. 그런데 유럽계 이주민 중 일부가 친환경 육식을 자처하는 캥거테리언으로 변화해 애버리지니의 식량이었던 캥거루를 포식하고자 합니다.

물론 우리 '인간동물'은 윤리적 사고를 통해 가치 판단을 할 줄 아는 존재이니, 단순히 먹이사슬 변화만으로는 설명할 수 없습니다. 따라서 서로의 생각을 공유하고 나름의 가치 판단을 통해 육식을 둘러싼 윤리 논쟁에서 현명한 결정을 내릴 것으로 믿습니다.

기후변화,

대로는 싸우고

때로는

2

쪼끔해

가다

하얀 곰은
   사실 북극의
생존왕
북극곰

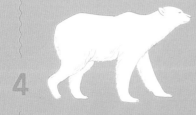

이미지를 세탁한 용맹한 포식자

콜라병을 들고 엉덩이를 씰룩씰룩 흔들며 차가운 콜라를 즐기는 북극곰 polar bear의 모습은 대중에게 많은 사랑을 받아왔습니다. 1993년 '북극광 Northern Lights'이라는 제목의 TV 광고에서 한가로이 북극 하늘에서 펼쳐지는 오로라를 보며 코카콜라를 즐기는 북극곰의 모습은 사람들에게 북극곰을 귀엽고 푹신한 강아지와 같은 모습으로 선명하게 각인시켰습니다. 이 광고의 제작자는 북극곰 아이디어를 반려견인 래브라도 리트리버 '모건'에게서 얻었다고 합니다.[1] 이 광고는 대박을 터뜨렸습니다. 이후에도 북극곰은 따뜻한 가족과 함께, 새끼 물개와 새끼 북극곰이 공을 가지고 노는 모습 등으로 꾸준히 등장해 우리에게 포근한 이미지를 심어주었습니다.

사실 북극곰은 콜라가 아닌, 북극권의 바다표범을 사냥해서 먹는 맹수입니다. 피하지방이 풍부한 바다표범은 북극곰이 혹독한 기후를 이겨내는 데 토대가 되는 에너지원입니다. 또한 북극곰은 자기보다 덩치가 훨씬 큰 바다코끼리도 사냥합니다. 북극곰은 앞발로 한 방에 동물을 죽일 만큼 힘이 셉니다. 광고에서 보여준 이미지와 달리, 북극곰은 혹한의 세계에서 바다표범과 바다코끼리를 잡아먹는, 북극권 생태계의 최상위 포식자입니다.

북극곰의 모습을 담은 코카콜라 광고(1993년)

북극곰은 현존하는 육상 포식자 가운데 몸집이 가장 큽니다. 범고래, 그린란드 상어, 인간을 제외하면 사실상 천적이 없습니다. 일반적인 성체의 최대 몸무게는 수컷이 800kg, 암컷이 400kg에 이를 정도로 거대한데, 그 몸집에서 나오는 힘도 엄청납니다. 일어났을 때 키가 약 3.4m에 몸무게가 1톤을 넘을 정도로 어마어마한 수컷 북극곰이 1960년 알래스카에서 발견된 적도 있습니다. 북극권에 처음 도착한 유럽 탐험가들은 물론, 가까이 살던 이누이트족에게도 북극곰은 언제나 위협적인 존재였습니다. 현재도 북극곰 서식 지역을 다닐 때는 총을 휴대해야 합니다. 미국의 50개 주 중에서 알래스카주의 성인 총기 소유 비율(약

64.5%)[2] 이 손꼽을 정도로 높은 이유도 북극곰의 잦은 출몰과 어느 정도 연관성이 있어 보입니다.

북극권 툰드라와
해빙 위에서 적응한 곰

✦

라틴어로 '바다의 곰'이라는 뜻을 지닌 북극곰은 곰 중에서 해양 포유류에 속하는 유일한 종입니다.[3] 물론 북극곰은 고래나 돌고래처럼 바닷속에서 서식하지 않습니다. 북극곰은 주로 북위 66.5도 이북(북극권)에 분포하고, 이는 툰드라 기후 지역과 거의 일치합니다. 북극곰은 캐나다, 미국(알래스카), 러시아, 노르웨이(스발바르 제도), 그린란드 해안에서 주로 서식합니다. 이처럼 북극권에 살기 위해, -40℃의 추위와 시속 100km가 넘는 강풍에도 견디는 강인한 생존력을 지녔습니다.

북극곰의 털은 흰색입니다. 서식지 주변이 새하얀 눈과 얼음으로 덮여 있기 때문에, 보호색을 띠도록 하얗게 진화한 것입니다. 다른 곰처럼 털의 색이 갈색, 회색, 검은색이라면 열을 흡수할 수 있어 체온 유지에 유리할 것입니다. 하지만 눈에 띄기 쉬워 사냥에 실패할 확률이 높습니다. 이러한 이유로, 과거 북극곰의 조상인 불곰 brown bears은 툰드라 기후 지역으로 진출해 털의 색을 보호색으로 바꾸는 방향으로 진화한 것입니다. 그런데 실제로 북극곰의 털은

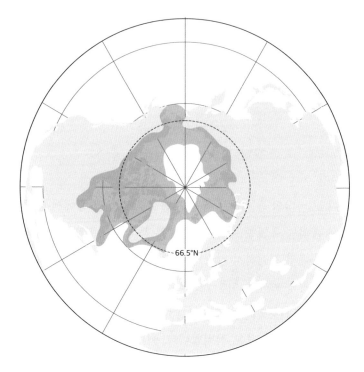

66.5°N

세계에서 북극곰이 분포하는 지역

흰색이 아니라 속이 텅 빈 투명색입니다. 게다가 털의 안쪽 피부는
여전히 검은색을 보이는 '반전 매력'을 지니고 있습니다.

북극곰의 생태에는 해빙海氷, sea ice이 매우 중요합니다. 북극곰
은 먹이 활동을 하기 위해 툰드라 기후 지역의 앞바다인 북극해 위
해빙으로 나가 오랫동안 머무릅니다. 북극곰은 후각이 매우 뛰어
나 거의 2km 떨어진 해빙의 1m 아래 바닷속에 있는 바다표범의 냄

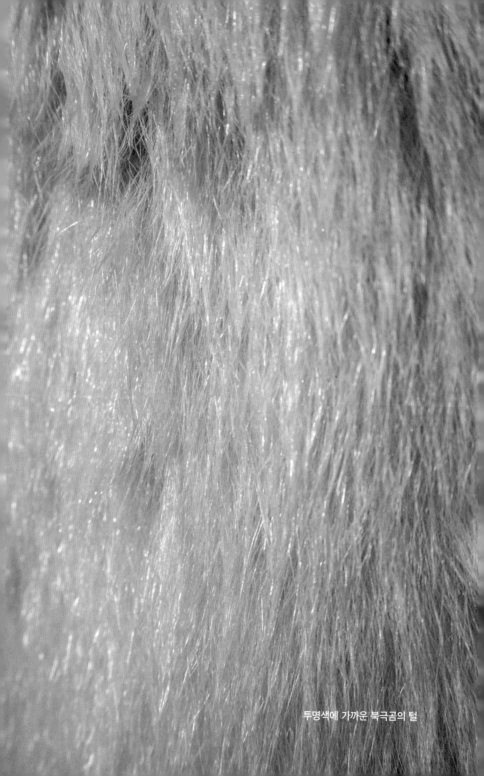

투명색에 가까운 북극곰의 털

새도 맡을 수 있습니다.[4] 해빙에 난 구멍 근처에서 매복하고 있다가 바다표범이 숨을 쉬기 위해 구멍으로 올라올 때 사냥합니다. 북극곰은 바다에서 헤엄도 잘 쳐 시속 10km 정도로 사람이 조깅하는 수준이며, 하루에 74~100km 정도 헤엄칠 만큼 지구력도 좋습니다. 232시간(약 9일) 동안 2~6℃의 추운 바다에서 687km를 쉬지 않고 헤엄친 북극곰이 발견되기도 했습니다.[5]

그런데 왜 북극곰은 북극해와 그 주변에서만 살까요? 남극 대륙 주변도 한랭하고 해빙이 분포할뿐더러 바다표범도 있어 북극곰의 서식지로서 충분한데 말입니다. '남극곰'이 없는 이유에 대해 추론해보겠습니다.

첫째, 곰은 주로 북반구에 서식하는 동물입니다. 오늘날 남아메리카의 특정 지역에만 서식하는 안경곰spectacled bear을 제외하면 곰은 북반구에만 있는 것으로 알려져 있습니다. 플라이스토세* 중반인 약 60만 년 전에 이미 북극곰은 아시아의 불곰과 유전적으로 갈라져 북극권으로 나아갔습니다.[6] 의외로 훨씬 오래전부터 북극권에 적응하며 진화해온 것이죠. 종으로서 북극곰은 이미 여러 차례 빙기를 겪어온 터줏대감인 셈입니다.[7]

---

* 약 258만 년 전부터 1만 1,700년 전까지를 일컫고, 지질 시대 중 평균 기온이 낮아 빙하가 확장한 시기로 빙하기ice age라고도 한다. 플라이스토세 내에서 상대적으로 따뜻했던 시기를 간빙기interglacial period, 상대적으로 추웠던 시기를 빙기glacial period라고 한다. 플라이스토세의 마지막 빙기(최종 빙기)가 끝난 1만 1,700년 전부터 현재까지 기간은 후빙기에 해당한다.

둘째, 북극곰은 남극 대륙으로 걸어갈 수도, 헤엄쳐갈 수도 없습니다. 약 60만 년 전에는 지구의 대륙 배치가 오늘날과 유사했습니다. 빙기 때는 얼음으로 연결되어 유라시아의 북극곰이 아메리카 대륙으로 갈 수 있었겠지만, 제아무리 한랭한 빙기라 해도 남극 대륙은 다른 대륙과 빙하로 연결된 적이 없습니다. 설사 남아메리카 끝에 도착한 수영왕 북극곰이 있었다고 가정하더라도, 남극 대륙 앞에 지구에서 가장 강력한 남극 순환 해류와 폭풍이 몰아치는 드레이크 해협이 기다리고 있었을 것입니다. 따라서 사실상 북극곰은 남극곰이 될 수 없었고, 그렇게 북극권에서 약 60만 년 동안 기후변화에 적응하며 사투를 벌여온 것입니다.

북극곰은 언제부터
지구 온난화의 상징이 되었을까?

북극곰이 헤엄을 잘 친다는 사실은 우리가 책, 광고, 포스터 등에서 흔히 접해온 이미지와 상반됩니다. 바로 바다의 얼음조각 위에 고립된 채 애절한 눈빛으로 프레임 밖의 우리를 쳐다보며 도움을 청하는 것 같은 북극곰의 모습 말입니다. 지구 온난화*로 해빙의 면적

---

*　'지구 온난화global warming'라는 표현이 기후위기의 심각성을 제대로 표현하지 못한다는 이유로, 최근에는 지구 온난화보다 더 경각심을 주는 '지구 가열global heating'이라고 부르기도 한다. 이 단어는 2021년 말 영국《옥스퍼드 영어사전》

이 줄어들고, 그로 인해 북극곰이 생태적 위협을 받고 있다는 점은 우리가 이미 알고 있습니다. 그렇다면 지구 온난화는 북극곰과 어떤 관계가 있을까요? 그리고 우리가 언제부터 지구 온난화를 생각할 때 북극곰을 떠올렸는지 살펴봅시다.

북극곰이 지구 온난화의 대표적 희생자로 떠오르기 시작한 것은 2006년입니다. 2006년 4월 3일 자 미국 시사 주간지 〈타임〉 표지에 '걱정하세요. 매우 걱정하세요Be Worried. Be Very Worried'라는 문구와 함께, 녹아내린 얼음조각 위에 간신히 몸을 걸친 북극곰의 모습이 실렸습니다. 당시로서는 상당히 참신해, 많은 사람의 찬사를 받았습니다. 또한 인간이 의미 있는 조치를 취하지 않으면 북극곰의 고통과 멸종으로 이어질 거라는 메시지와 함께 지구 온난화는 세계적으로 중요한 이슈로 떠올랐습니다.

2010년 닛산자동차의 광고 '닛산 리프: 북극곰Nissan LEAF™: Polar Bear'은 이러한 맥락을 구체적으로 담았습니다. 광고 속에서 북극곰은 삶의 터전이 녹아내리는 것을 보며 지구 온난화의 원인을 찾기 위해 고독한 대장정을 시작하는데, 전기 자동차를 운전하는 한 남자를 만나자 감사의 마음으로 꼭 안아줍니다. 이 광고는 책임 있는 소비가 중요하다는 메시지를 전달했습니다.

'북극곰이 녹고 있는 얼음 위에서 맴도는 모습'이 기후변화의 가

에 새롭게 등재되었다. 비슷한 이유로 기후변화climate change 대신 기후위기 climate crisis, 기후비상사태climate emergency, 기후붕괴climate collapse 등으로 부르자는 목소리도 커지고 있다.

북극곰과 지구 온난화를 다룬 2006년 4월 3일 자 〈타임〉 표지

북극곰이 전기 자동차 운전자를 안아주는 닛산 자동차 광고

장 강력한 상징이 된 것은 이 두 광고와 밀접한 관련이 있다는 연구[8]가 있을 만큼, 북극곰은 줄곧 '지구 온난화의 대표적 희생자'로 언급되어왔습니다. 또한 그동안 대중매체, 학교 교육 등에서 '무너지는 얼음조각'과 '굶고 있는 북극곰' 이미지를 통해 환경 문제의 심각성을 알려왔습니다.[9]

지구 온난화로 인한
북극곰의 생태적 변화는?

전 지구적으로 온난화가 나타나는 기후변화의 경향은 과학적 사실을 기반으로 합니다. 영국 레딩 대학교의 기후과학자 에드 호킨스Ed Hawkins가 개발한 온난화 줄무늬Warming Stripes를 보면 세계적인 차원에서 지구 온난화가 명백히 진행되고 있음을 확인할 수 있습니다.[10] 게다가 북극 지역은 다른 지역보다 온난화가 빠르게 진행되고 있습니다. 이로 인해 북극 지역의 해빙도 꾸준히 감소하는 것을 위성 영상과 그래프를 통해 확인할 수 있습니다.

지구 온난화로 얼음이 녹으면, 북극곰은 얼음 조각 위에 애처롭게 있는 것이 아니라 헤엄을 쳐서 다른 해빙으로 이동할 수 있습니다. 하지만 북극권의 해빙 면적이 감소하면 북극곰은 바다표범을 사냥할 먹이 터전이 감소하기 때문에 문제가 됩니다. 북극곰은 헤엄쳐서 바다표범을 따라잡아 사냥할 만큼 민첩하지 않기 때문입니다.

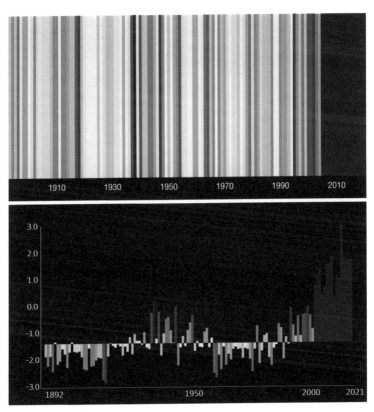

1892~2021년 북극해 온도 변화를 표시한 온난화 줄무늬(1971~2000년의 평년값과 비교한 값)©Ed Hawkins, NCAS

북극곰은 IUCN의 적색 목록에서 '취약' 등급으로 지정되어 있는데, IUCN 북극곰 전문가 집단Polar Bear Specialist Group, PBSG은 북극곰 생존의 가장 큰 위협으로 '기후변화로 인한 해빙 손실'을 지목했습니다. 또한 '높은 수준'의 온실 기체 배출이 지속될 경우 2100년까

1979년 9월

2021년 9월

줄어들고 있는 북극해의 해빙, 2021년 9월 해빙 범위는 기록상 열두 번째로 작았다.(EPA)

지 대부분의 북극곰이 위태로워질 거라고 예상하는 연구 결과도 등장했습니다.[11] 해빙 면적이 감소하면 북극곰은 먹잇감을 찾아 훨씬 더 먼 거리를 헤매야 하며, 결국 식량이 부족해 새끼를 기르는 데 어려움을 겪어 종 자체가 사라질 것입니다. 한편 캐나다의 생명과학자

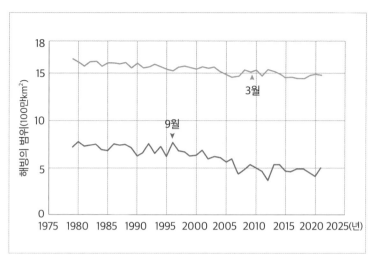

3월과 9월의 북극해 해빙 면적 변화(1979~2021년). 해빙이 최소 및 최대 면적에 도달하는 달에 초점을 맞춘 그래프로, 일반적으로 9월은 해빙이 연중 최소 면적에 도달하는 시기이고, 3월은 연중 최대 면적에 도달하는 시기다.

수전 J. 크록퍼드Susan J. Crockford가 2019년 발표한 보고서[12]에 따르면, 해빙 면적 감소와 관계없이 북극곰의 개체 수가 조금씩 늘어나고 있습니다. 물론 이 보고서의 진위 여부는 논란이 있지만, 지속적으로 모니터링해볼 필요가 있습니다.

　더 중요한 것은, '지구 온난화 = 북극곰 멸종'이라는 공식으로 대표되는 '북극곰의 상징'이 문제 해결에 도움이 되는지 여부입니다. 북극곰에 대한 연민은 많은 사람의 감정을 효과적으로 자극합니다. 다만, 우리를 비롯한 지구 환경에 관심이 많은 중위도 지역 사람과 북극곰의 서식 지역이 지리적으로 너무 멀리 떨어져 있습니다. 당

해빙이 줄어들면서 생존 위기를 겪고 있는 북극곰

장 우리 주변의 일상 문제에 집중하다 보면 저 멀리 있는 '북극곰을 살려야 한다'는 목표가 뒷전으로 밀려나기 쉽습니다. 여러 매체에서 제시해온 '북극곰 상징'이 정말 기후변화 문제를 해결하기 위한 실천에 큰 도움이 되는지 점검해볼 필요가 있습니다. 저 멀리 있는 북극곰이 단순히 슬픔과 동정의 대상으로만 소비되는 것이 아니라, 우리 삶과 의미 있게 연결될 수 있도록 고민해야 합니다.

적응할 것인가? 변화할 것인가? 기후변화와 마주한 그들

✦

오늘날에도 여전히 북극곰들은 기후변화와 마주하고 있습니다. 2022년, 그린란드 남동부 해안에서 200~300여 마리로 구성된 새로운 북극곰 집단이 발견되었다는 연구 결과가 발표됐습니다. 유전적으로 매우 독특한 개체군입니다. 이 집단의 특징은 성체 암컷의 몸집이 다른 집단보다 작고 새끼 수도 적다는 점입니다. 이들은 험준한 지형과 피오르, 울퉁불퉁한 빙하로 둘러싸인 이곳에서 최소 수백 년 동안 단절된 채 환경에 적응하며 진화해온 것으로 추정됩니다. 이곳은 북극곰의 먹이 활동에 필수적인 단단한 해빙이 부족합니다. 빙하가 녹아 떠내려오고 눈과 얼음이 뒤섞여 슬러시처럼 되어버리는 시기가 1년에 250일이 넘습니다. 하지만 '북극의 생존왕'은 이러한 극한의 환경에서도 바다표범을 사냥할 수 있도록 진화했습니다.[13] 이가 없으니 잇몸으로 사는 셈입니다. 이곳의 상황은 이번 세기 말 그린란드 북동쪽에서 예상되는 바다 환경과 비슷하기 때문에, 해당 개체군을 연구한 한 생태학자는 "기후변화로 해빙이 사라지면서 북극곰이 위협받고 있지만 이 새로운 집단은 북극곰이 미래에도 버틸 수 있을지 모른다는 기대를 준다"고 말합니다.[14]

해빙이 녹아 서식지가 파편화되면서 이동하기 어려워지자 유전적으로 가까운 북극곰 간의 교배가 증가하면서 유전적 다양성이 떨어지고 있습니다. 하지만 동시에 이종 교배를 통한 잡종 또한 늘고 있습니다. 2006년에는 캐나다 노스웨스트 준주에서 북극곰polar bear과 회색곰grizzly bear* 사이의 잡종이, 2010년에는 잡종과 회색곰 사이의 2세대 잡종이 발견되었습니다. 해빙의 감소로 북극곰은 먹이를 찾아 남쪽의 육지로 내려가고 회색곰은 상대적으로 온도가 낮은 북쪽으로 올라가면서, 두 곰의 서식 지역이 서로 겹치게 되었습니다. 이 과정에서 탄생한 잡종을 두 곰의 영어 명칭을 합쳐 '피즐리 곰pizzly bear' 혹은 '그롤라곰grolar bear'이라고 부르기도 합니다. 이종 간의 잡종은 대부분 생식 능력이 없지만, 북극곰과 회색곰은 다른 종으로 갈라진 지 불과 60만 년밖에 되지 않았기 때문에 번식력을 갖춘 새끼를 낳을 수 있습니다.[15]

기후변화로 고유 종이 사라지는 것에 대한 우려의 목소리가 큽니다. 생존을 위해 유전적 다양성이 중요하다는 것은 생물학적으로

---

* 북아메리카에 서식하는 불곰의 아종으로 털이 회색 및 갈색을 띤다.

회색곰(위)과 북극곰(아래)이 교배하여 태어난 잡종인 피즐리곰 혹은 그롤라곰(가운데)

부인할 수 없는 사실이지만,[16] 한쪽에서는 이와 같은 잡종이 북극곰의 유전적 다양성을 높여 오히려 기후변화의 적응력을 높일 수 있다고 보기도 합니다.

새로운 잡종은 비교적 최근에 등장한 것이어서 아직 그들이 생태계에 미치는 영향을 명확하게 결론지을 수 없습니다. 확실한 것은, 이런 현상이 기후변화가 먼 미래의 일이 아니라 현재 일어나고 있는 징표라는 점입니다.[17] 기후변화로 인해 종의 용광로melting pot가 되어버린 북극권에서 북극곰은 기후변화에 적응한 새로운 개체군으로 등장할까요? 아니면 새로운 잡종의 모습으로 변화해갈까요? 그 결과가 어느 쪽이든, 우리가 알고 있는 북극곰과 북극권 생태계에 변화가 나타나고 있는 것은 사실입니다. 그리고 그 변화의 방향과 속도가 어떠할지 장담할 수 없어 불안한 상태입니다. 비록 우리의 삶의 공간에서 멀리 떨어져 있지만, 생태시민으로서 북극곰을 비롯한 동물들의 생태와 변화 과정에 관심을 갖고 지속적으로 살펴봐야 할 것입니다.

따뜻한
우리 도시에
더 이상 오지 마라
백로

까마귀 싸우는 골에 백로가 살 수도

✦

고려 말, 저물어가는 고려 왕실의 몇 명 남지 않은 충신이었던 정몽
주는 신진 건국 세력의 핵심 인물인 이성계의 건강이 위독하다는
소식을 전해 듣고 병문안을 가려고 했습니다. 그때 정몽주의 모친
이 시 한 편을 읊으면서 병문안 길을 막았습니다. 바로 〈백로가〉입
니다.

〈백로가〉[1]

까마귀 싸우는 골에 백로야 가지 마라

성난 까마귀 흰 빛을 새오나니*

청강淸江에 좋이** 씻은 몸을 더럽힐까 하노라

*/** '새오나니' '좋이'는 현대어로 각각 '시샘하니' '깨끗이'라는 뜻이다.

까마귀와 백로가 함께 그려져 있는 울산 태화강 철새 여행 버스(울산 남구청)

이 시는 정몽주를 백로, 이성계 세력을 까마귀 떼로 비유합니다. 까마귀의 검은색은 더러움, 악 등 부정적인 것의 상징으로, 이에 대비되는 백로egret의 흰색은 순수함, 결백함, 선 등 긍정적인 것의 상징으로 나타납니다. 즉, 고려를 배신하려는 이성계 세력을 부정적으로 바라보고, 충성심을 지키면서 살아가길 바라는 모친의 바람이 담겨 있습니다. 이 시는 자신의 철학대로 살아가는 것이 녹록지 않은 난세에도 흔들림 없이 자신의 길을 묵묵히 가려는 후대 선비와 정치인들에게 구전되었습니다.

물론 백로가 자기 깃털을 '더럽힐까' 걱정되어 까마귀를 피하거나, 까마귀가 백로를 '시샘한다는' 것은 인간이 만들어낸 이야기일 뿐입니다. 우리나라를 비롯한 동아시아권에서 흰색에 부여하는 긍정적 이미지가 백로에 투영된 것으로 보입니다. 그런데 이러한 인간의 잣대도 불변의 진리는 아닌가 봅니다. 까마귀와 백로가 많이 서식하는 울산 태화강에서 운영하는 철새 여행 버스에는 까마귀와 백로가 함께 그려져 있습니다.

우리나라에서 여름을 나고 싶어 찾아오는 백로

✦

백로는 쇠백로, 중백로, 중대백로, 대백로 등 여러 종이 있는데, 우리나라에서 가장 흔히 보이는 백로는 쇠백로와 중대백로입니다. 백로와 비슷한 새로 두루미, 황새, 왜가리가 있는데, 모두 부리, 목, 다리가 길고 물가에서 먹이 활동을 한다는 공통점이 있습니다. 이들의 가장 두드러진 차이점은 색깔입니다. 왜가리는 회색과 검은색이 섞여 있고 두루미와 황새는 흰색인데, 두루미는 목과 날개 끝이 검고 황새는 날개 끝이 검은색입니다. 이들과 달리 백로는 몸 전체가 흰색입니다.

　우리나라를 찾는 철새는 크게 두 종류가 있습니다. 여름철새는 중국 남부, 동남아시아 등지에서 겨울을 나다가 여름철에 중국 남부, 동남아시아보다 낮의 길이가 긴 우리나라에서 번식과 먹이 활동을 합니다. 반대로 겨울철새는 여름철에 우리나라보다 낮의 길이가 긴 중국 북부, 러시아의 시베리아에서 여름을 나고, 겨울 추위를

(왼쪽 위부터 시계 방향으로) 두루미, 황새, 왜가리, 백로(중대백로)

피해 상대적으로 따뜻한 우리나라로 날아와서 겨울을 납니다.

철새의 이동은 위도에 따른 기온 및 낮의 길이 차이와 관련이 깊고, 일정한 지리적 패턴을 지니고 있습니다. 대백로를 제외한 백로는 대부분 4월에 우리나라로 날아옵니다. 백로는 4~6월경에 알을 낳고 새끼를 키우면서 여름을 나고 가을까지 머무른 뒤 10월경에 남쪽으로 떠나는 여름철새입니다. 백로는 중요한 번식기를 보내기 위해 우리나라까지 먼 거리를 날아옵니다.

백로는 포식자의 접근을 막기 위해 높이 9~17m 정도 되는 침엽수에 주로 둥지를 튭니다.[2] 번식지는 먹이 활동을 할 수 있는 범위가 넓고 먹이의 양이 풍부한 곳입니다.[3] 백로는 물에서 먹이를 구하기 쉽기 때문에, 물가에 위치한 야트막한 숲을 선호합니다. 큰 새이니 나무가 울창한 깊은 산속에 둥지를 틀 거라고 생각할 수도 있지만, 백로는 주로 해발 고도 약 400m 이하의 야산에 집단 번식지를 만듭니다.[4]

백로는 물을 좋아하지만, 오리처럼 헤엄을 치거나 잠수해서 먹이를 잡지는 못합니다. 백로는 얕은 물가에서 발만 담그고 서 있다가 먹이를 발견하면 잽싸게 긴 부리로 물속에서 먹이를 잡아먹습니다. 그래서 같은 물가라도 한강, 금강, 낙동강 등 대하천 본류에서는 백로를 보기 힘듭니다. 또한 이런 대하천의 지류 하천에서도 소沼, pool와 같이 수심이 깊은 곳에서는 백로를 보기 힘듭니다. 지류 하천 중에서도 수심이 얕아 발을 담그기 좋고 물고기가 잘 보이는 곳, 특히 여울riffle 같은 곳이 백로가 선호하는 장소입니다. 그리

얕은 물에서 먹이 활동을 하는 백로ⓒ한준호

모내기 시작 전 물 댄 논에서 먹이 활동을 하는 백로 무리ⓒ한준호

고 저수지나 늪에서도 가장자리의 얕은 곳을 선호하고, 바다에서는 갯벌을 선호합니다. 백로는 이처럼 물가에서 물고기, 양서류, 수서 곤충 등을 사냥하고, 먹이 활동 장소 인근에 있는 집단 번식지로 날아와서 새끼에게 먹이를 먹입니다.

인간이 만들어낸 습지인 논에서도 백로를 쉽게 볼 수 있습니다. 얕은 물이 늘 적당하게 고여 있는 논은 백로가 먹이 활동을 하기에 최적의 장소입니다. 4월에서 5월에는 모내기를 앞두고 써레질과 물대기가 이루어져 특히 좋습니다.[5] 논바닥의 덩어리진 흙을 깨뜨리고 바닥을 고르는 써레질 과정에서 흙 속에 있던 곤충이 밖으로 나오고, 물을 대면 미꾸라지나 올챙이가 서식하는 등 먹이가 넘쳐나기 때문입니다. 백로 번식지 주변의 주요 환경을 조사한 자료에 따르면, 번식지 반지름 5km 이내에 산림 다음으로 많은 경관 요소가 바로 논입니다.[6] 논의 분포와 백로의 밀접한 관계를 확인할 수 있습니다.

철새에서 텃새로
시골에서 도시로

✦

그런데 최근 20여 년 사이 여름철새인 백로가 텃새로 변화하는 현상이 우리나라 전역에서 나타나고 있습니다. 그 원인은 바로 기후변화입니다. 겨울철 기온이 상승하면서, 여름에만 머물던 백로가 겨울에도 떠나지 않고 계속 머물며 텃새가 되는 것입니다. 그래서 백로는 환경부 산하 국립생물자원관에서 2019년에 지정한 '기후변화 생물지표종' 100종에 3종(쇠백로, 중대백로, 중백로)이 선정되었습니다.[7] 기후변화 생물지표종이란 기후변화로 인해 계절에 따른 생물의 지리적 분포 및 생태적 특성 변화가 뚜렷할 것으로 예상되는 생물종을 말합니다. 여기에 선정되면 정부 차원에서 해당 생물종의 변화를 중점적으로 모니터링하고 대응합니다. 백로가 다른 생물종에 비해 기후변화의 영향을 크게 받아 여름철새에서 텃새로 변화할 것으로 우려되기 때문에 기후변화 생물지표종으로 선정된 것입니다.

이와 더불어, 백로는 이전보다 도시에서 많이 발견되고 있습니다. 사람과 자동차, 산업 시설 등이 밀집한 도시는 언뜻 생각해보면 하얀 백로의 서식지로 어울리지 않습니다. 하지만 백로는 과거 농촌에서도 마을과 멀지 않은 야산에 둥지를 틀고 논을 터전으로 삼아 사람과 가까이 지내왔습니다. 둥지를 지을 만한 숲이 있고 새끼에게 먹일 충분한 먹이를 구할 수 있으면 어디든 번식지로 삼을 수 있습니다.[8]

백로의 주요 서식지가 도시로 변화한 가장 중요한 이유는 논 면적의 축소입니다. 식습관의 서구화와 농업의 산업화로 인해 쌀 소비량이 감소하고 상품 작물의 재배 비중이 높아지면서 논이 줄어들었습니다. 이로 인해 농촌에서 백로의 먹이 활동 장소도 줄어들었습니다. 게다가 도시에서도 변화가 이어졌습니다. 과거에는 대부분의 도시 하천이 오염물질을 배출하는 사실상 하수구와 같은 역할을

서울 도시 하천에서 겨울을 나고 있는 백로 무리(서울 노원구 상계동)ⓒ이희선

했습니다. 하지만 지방 자치 단체와 중앙 정부가 하천으로 유입되는 오염 물질을 강력하게 규제하며 하수처리 시설을 확충하면서 도시 하천의 수질이 개선됐습니다. 그 덕분에 최근 도시 하천의 환경이 개선되고 생태계가 살아나면서 도시에서도 백로가 먹이 활동을 할 만한 곳이 늘어났습니다.

'열섬heat island 현상' 또한 백로에게 서식지로서 도시의 가치를 높이는 데 큰 역할을 합니다. 열섬이란 비도시 지역에 비해 도시의 기온이 상대적으로 높게 나타나는 현상을 말합니다. 기온이 같은 지점을 선으로 이으면 마치 섬과 같이 생겼다고 해서 붙인 이름입니다. 도시의 수많은 사람으로부터 나오는 열, 그리고 자동차, 산업 시설, 냉난방기기 등에서 발생하는 인공적인 열, 인공 피복 등이 도시의 기온을 높이는 요소입니다.[9]

이와 같은 이유로 도시에서는 세계적 규모의 기후변화와 함께 국지적 규모에서의 열섬 현상이 동시에 나타나고 있습니다. 그렇잖아도 의외로 먹이가 많은 도시 하천의 매력에 푹 빠진 백로 입장에서는 겨울에 잘 얼지 않는 도시의 작은 하천이 겨울을 나기에 꽤 용이한 환경일 수 있습니다. 겨울 몇 달만 도시에서 참고 견디면, 굳이 중국이나 동남아시아까지 날아가는 수고를 하지 않아도 되기 때문입니다. 이렇게 여러 요소가 복합적으로 작용해 백로는 도시의 텃새로 거듭나고 있습니다.

도시에서 갈 곳 잃고 떠도는
백로, 공존 방안은?

✦

이처럼 기후변화와 도시화 등 여러 요인이 작용해 많은 '시골 백로'가 '도시 백로'로 변모했습니다. 하지만 백로는 도시 사람들에게 크게 환영받지 못하고 있습니다. 대전은 백로 집단 번식지 형성과 주민들의 민원 제기를 가장 극심하게 겪고 있는 도시입니다. 산지로 둘러싸인 넓고 평평한 땅에 발달한 대전 분지에는 갑천, 대전천, 유등천이 모여 유유히 흐릅니다. 이 하천도 한때는 우리나라 여느 도시와 마찬가지로 수질 오염이 심각했으나 최근 여러 노력으로, 하천 주변을 산책해도 악취가 거의 나지 않고 다양한 생물이 서식하는 등 생태 하천의 모습으로 변모했습니다. 대전은 약 145만 명이 거주하는 대도시로, 주변 지역에 비해 기후가 따뜻한 편입니다. 이러한 서식 환경의 변화에 따라 백로는 1990년대 후반부터 대전으로 이동해오기 시작했습니다. 현재의 세종특별자치시 금남면 번식지에서 번식하던 백로 중 일부가 대전으로 옮겨왔을 것으로 보고 있습니다.[10]

하천에서 먹이 활동을 하는 백로는 시민들에게 큰 불편을 주지 않았습니다. 그런데 백로가 '눈치도 없이' 주민들의 주거지와 가까운 야산에 집단으로 번식지를 조성했습니다. 유성구에 위치한 카이스트KAIST 인근 야산에 처음으로 정착했는데, 악취와 소음으로 인한 민원이 심해지자 카이스트는 2012년에 백로 집단 번식지의 나

못가지를 모두 쳐내 둥지를 틀지 못하게 했습니다. 졸지에 번식지를 잃은 백로는 이듬해 인근 궁동근린공원의 야산으로 번식지를 옮겼으나, 그곳에서도 민원으로 인해 이내 쫓겨났습니다. 그런 일은 다음 번식지로 채택된 서구 탄방동, 내동에서도 반복되었습니다.

2016년 대전광역시는 문제를 근본적으로 해결하기 위해 주거지에서 비교적 떨어진 월평공원 인근 갑천변 야산에 유인 서식지 조성을 시도했습니다. 백로가 무리 지어 번식하는 습성을 활용해, 백로의 모형을 설치하고 울음소리를 틀어 백로의 번식을 유인하는 방식이었습니다.[11] 이는 획기적인 방식처럼 보였지만, 백로를 유인하지 못했습니다. 번식지를 마련하기 위해 이곳저곳 떠돌던 백로는 결국 카이스트 인근으로 돌아왔습니다. 2016년 카이스트 북쪽 구수고개 야산에 정착한 이후 현재까지 번식지를 유지하고 있습니다.[12] 국립생물자원관의 백로 번식지 조사에 따르면, 대전 카이스트 인근의 백로 번식지는 둥지가 총 1,092개로 국내 최대 규모입니다.[13]

다행히 2016년 이후에는 민원이 발생하지 않고 있습니다. 그렇다고 아무 문제가 없는 것은 아닙니다. 번식지가 몇몇 기숙사 건물과 가까워, 일부 학생들의 피해가 발생하고 있습니다. 하지만 단순히 사람과 백로 간 갈등 구도로 보고, 백로를 도시의 불청객으로만 다루는 것은 문제가 있습니다. 백로가 주민들에게 피해를 준다고 무조건 쫓아내려 해봤지 문제 해결에 도움이 되지 않는다는 사실을 지난날의 경험을 통해 확인했기 때문입니다.

백로는 따뜻하고 먹이가 많은 도시를 선호합니다. 따라서 나뭇

카이스트 북쪽 구수고개 번식지(2016)

2012
벌목

총면적 26.51㎡

2013
벌목

총면적 23,982㎡

총면적 12,800㎡

2014
벌목

대전외국어고등

2015
벌목

총면적 13,093㎡

대전 백로 집단 번식지의 이동 과정

대전 월평동 백로 유인 서식지 설치 모습©대전광역시

대전 카이스트 인근 백로 번식지(2023. 7) ©한준호

가지를 쳐내 쫓아내도 인근 지역을 맴돌며 멀지 않은 곳에 새로운 터를 잡습니다. 따라서 피해 정도를 면밀하게 파악해 대책을 논의한다면, 백로를 내쫓는 극단적인 대책 외에도 방법이 있을 것입니다. 실제로 카이스트 연구진은 백로 서식지를 둘러싸고 발생하는 교내 구성원과 백로 간의 갈등 양상을 파악하고 관련 정보를 수집해 대책을 논의하는 '백로 프로젝트'를 수행하고 있습니다.[14]

백로가 도시에서 천덕꾸러기가 된 것은 대전만의 일이 아닙니다. 사실 백로가 이처럼 도시에서 사람들과 함께 살게 된 근본적인 원인은 결국 인간에 의한 기후변화와 도시화입니다. 즉, 인간에게 책임이 있습니다. 따라서 소음과 악취를 빌미로 번식지의 나뭇가지를 쳐내면 백로 입장에서는 다소 억울할 수 있습니다. 이미 도시 환경에 성공적으로 적응한 백로는 앞으로도 인간이 좋아하든 싫어하든 인간과 함께 지내려고 할 것입니다. 번식지의 나뭇가지를 쳐내 백로를 쫓아내는 방식은 결국 '말짱 도루묵'입니다. 그렇다면 백로를 귀찮은 존재로만 여길 것이 아니라, 백로의 특성과 입장을 존중하면서 공존할 수 있는 현명한 방안을 모색할 필요가 있습니다. 이것이 바로 진정한 생태시민의 자세입니다.

이러한 점에서 울산은 시민들과 백로가 공존하는 모범적인 사례에 해당합니다. 울산광역시 당국에서는 철새 번식지 보전을 위한 생태 모니터링을 꾸준히 실시하고, 시민들에게 백로의 생태적 가치를 알리는 전시 및 행사도 개최하고 있습니다. 또한 철새 여행 버스 등을 운행하며 관광자원으로 활용하기도 합니다.

도시에서 새를 관찰하는 것만으로도 건강하고 행복해질 수 있다는 연구 결과가 있습니다.[15] 백로와 도시 주민이 서로의 영역을 인정하고, 나아가 사람과 자연이 함께 긍정적 영향을 주고받으면서 행복하게 살 수 있는 방안이 마련되면 좋겠습니다.

기후변화에 따라
인간을 웃기고 울린
생선
청어

차가운 바다에서 살아가는 물고기,
물고기를 먹고 사는 인간

✦

2022년 9월, 울산의 대형 조선소 독dock에 물고기들이 떼로 몰려왔습니다. 공장이 순식간에 수산시장처럼 느껴질 정도로 물고기가 독 바닥에 가득 깔려, 직원들이 삽으로 퍼내야 했습니다. 중금속 오염에 대한 우려가 있어 물고기를 전량 폐기했지만, 해당 조선소에서는 이 사건을 조선업 경기 회복을 알리는 전령으로 받아들였다고 합니다.[1] 이 사건의 주인공은 바로 청어靑魚, herring입니다.

구석기 시대부터 수렵과 채집으로 살아온 인간에게, 예나 지금이나 물고기는 매우 중요한 영양 공급원입니다. 특히 1인당 수산물 소비량이 세계 1위인 우리나라 사람들에게 생선의 가치는 매우 큽니다. 그중에서도 청어는 특히나 큰 의미가 있습니다. 어획량이 워낙 많아 양식장에서 사료로 이용하기도 했고, 과거에는 농경지를

예로부터 인간의 중요한 영양 공급원이었던 청어

기름지게 만들어주는 비료로 활용되기도 했습니다. 청어는 이름에서도 알 수 있듯, 등이 푸른색을 띠며 몸길이는 30cm 정도 됩니다. 수억 마리가 떼를 지어 다니는 습성을 지닌 탓에 청어 떼가 지나가는 모습을 보면 '물 반 고기 반'이라는 표현을 실감할 수 있습니다. 또한 2~10℃ 정도의 비교적 차가운 바닷물을 좋아해, 체내에 지방이 많은 편입니다. 청어는 한류를 따라 이동하는 물고기이므로, 청어가 잘 잡히는 해역을 살펴보면 해류와 해양 시스템에 대해 이해할 수 있습니다.

해류는 지구를 이해하는 데 중요한 요소입니다. 기후변화를 이해하는 열쇠가 되기도 합니다. 적도 주변에는 태양 복사 에너지가 많이 도달하지만, 극지방에는 태양 복사 에너지가 적게 도달합니다. 이처럼 위도에 따라 태양 복사 에너지의 불균형이 발생하는데 해류가 지구의 열 균형을 맞춰주는 역할을 합니다.

따라서 해류의 변화를 분석하면 과거의 기후변화도 파악할 수 있습니다. 과거의 기후변화를 이해하는 학문을 고기후학古氣候學,

paleoclimatology이라고 합니다. 꽃가루, 빙하, 석회 동굴의 종유석 등에서 자료를 모아 과거 지구의 기후가 어떠했는지 추정합니다. 지구는 이미 많은 기후변화를 겪었다고 알려져 있습니다. 중생대에는 상대적으로 따뜻한 시기가 지속되었고, 신생대에 빙하기가 시작되었습니다. 신생대 중에서도 상대적으로 한랭했던 빙기가 있었습니다. 인류는 이 빙기가 끝나고 후빙기가 시작되는 1만 1,700년 전 즈음에 유라시아와 아메리카 대륙까지 이동했습니다.

인류가 각 대륙에서 문명을 일구는 동안 기후는 조금씩 변화했습니다. 빙기와 간빙기만큼 극적인 기온 차이가 발생하지는 않았지만, 가뭄과 같은 자연재해가 작물의 성장을 방해하는 등 인간의 삶에 영향을 미쳤습니다. 이러한 기후변화 사례로는 17세기 전후로 나타난 소빙기小氷期, Little Ice Age를 들 수 있습니다. 이때 한류성 어족인 청어의 서식지가 변했고, 인간의 삶도 변화했습니다.

조선 시대의 국민 생선, 청어

소빙기의 출현은 동아시아에도 큰 영향을 주었습니다. 소빙기가 닥치면서 우리나라 역사상 가장 끔찍한 기아 사태였던 경신대기근庚辛大飢饉(1670~1671)이 발생했습니다. 바다는 소금기가 있어 잘 얼지 않음에도 이 기후변화로 인해 강릉 앞바다까지 얼어붙었다는 기록이 전해집니다.

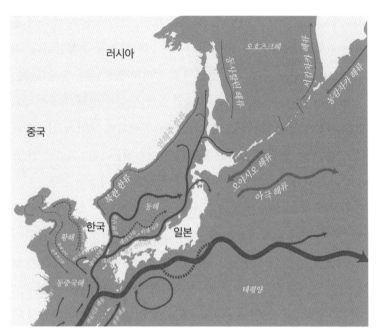

우리나라 주변 바다의 해류

조선 시대 청어에 대한 기록이 나타나는 지역

한반도는 세 면이 바다와 접해 있고, 남쪽에서 올라오는 따뜻한 대마 난류와 북쪽에서 내려오는 차가운 연해주 한류가 만나 계절별로 다양한 물고기를 잡을 수 있는 지리적 환경을 갖고 있습니다. 그렇다면 밥상에 오르는 그 많은 생선 중에서 주인공은 무엇이었을까요? 동태, 황태, 노가리, 생태 등 다양한 이름으로 불리며 한반도 한류성 어족을 대표하는 명태가 떠오르기도 하지만, 소빙기를 포함한 조선 시대를 화려하게 장식한 생선은 청어입니다. 그 흔적 중 하나가 겨울철 별미인 과메기입니다. 과메기는 현재까지 지역 특산물로 남아 있습니다. 포항 구룡포 앞바다에서 꾸덕하게 말린 청어를 과메기라고 부릅니다.

소빙기로 인해 육지에서 농업에 어려움을 겪는 동안 청어의 서식지는 더욱 확대되었습니다. 이러한 상황은 지역의 정보를 담은 지리지에 자세하게 기술되어 있습니다. 청어가 잡히는 지역에 대한 기록이 조선 초기 지리지인 《세종실록지리지世宗實錄地理志》보다 조선 중기 지리지인 《신증동국여지승람新增東國輿地勝覽》에서 훨씬 늘어나기 때문입니다. 유성룡이 쓴 《징비록懲毖錄》에서는 "동해의 물고기가 서해에서 나서 점차 한강에 이르게 되었다"라는 내용이 나오는데, 소빙기에 차가워진 바닷물의 영향을 받아 청어가 동해와 남해를 거쳐 황해까지 회유한 것으로 추정됩니다.

청어가 워낙 흔하게 잡히다 보니, 이를 거래하기 위해 포구 간 연결성도 커졌습니다. 조선 후기에는 포구 간 네트워크가 형성되면서 상품 경제가 발달했고, 거래 품목 중 청어의 비중이 매우 컸습니다. 중국에서는 원래 청어가 잡히지 않았으나 소빙기가 되면서 잡히자 이를 조선어朝鮮魚라고 불렀습니다. 소빙기에 기근이 발생한 지역에서 조선어로 끓인 죽은 소중한 식량이 되었습니다. 일본에서는 홋카이도 원주민인 아이누족이 소규모로 청어잡이를 하고 있었는데, 일본인들은 북쪽의 추운 지역을 이민족이 살고 있다는 뜻에서 에조치蝦夷地라고 부르며 가치 있게 여기지 않았습니다. 하지만 소빙기에 청어의 어획량이 늘어나자 일본인들도 본격적으로 홋카이도 개발에 나섰습니다. 결국 소빙기의 기후변화가 한류성 어족인 청어의 서식지를 변화시켰고, 청어의 서식지가 변하면서 동아시아 나라들의 생활까지 변화한 셈입니다.

네덜란드의 운명을 바꾼 청어

"12월에서 3월까지 많은 양의 청어가 잡힌다. 이 중 12월과 1월에 잡히는 청어는 북해North Sea에서 잡히는 것과 비슷하다. 그 뒤에는 우리나라의 튀김용 청어처럼 작은 종류가 잡힌다."

17세기에 조선에서 청어가 활발하게 잡히던 모습을 본 헨드릭 하멜Hendrik Hamel(1630~1692)의 기록입니다. 네덜란드 동인도회사의 직원이었던 하멜은 조선의 청어를 보며 고향의 모습을 떠올린 것 같습니다. 수도인 암스테르담이 '청어의 뼈 위에 건설되었다'는 말이 있을 만큼, 네덜란드는 청어와 떼려야 뗄 수 없는 나라이기 때

중세 유럽 준트 해협에서 청어를 잡는 모습

문입니다.

　중세 온난기까지는 발트해가 청어 산지로 유명했습니다. 중세 시기 유럽은 크리스트교의 영향이 강력했습니다. 고기나 와인을 섭취하면 성욕이 강해진다는 생각에, 단식일을 만들어 금욕적인 태도를 유지하고자 했습니다. '고기를 먹지 않는 날'은 점차 '생선 먹는 날fish day'로 바뀌었고, 유럽 전역에서 생선의 수요가 크게 증가했습니다. 기름진 청어는 쉽게 부패하기 때문에 이를 막기 위해 가공 및 유통 기술을 축적한 독일의 뤼베크 같은 도시가 상업 도시로 성장했습니다. 나아가 뤼베크는 함부르크와 한자동맹을 맺으며 유럽 경제를 지배하는 도시로 발전했습니다.

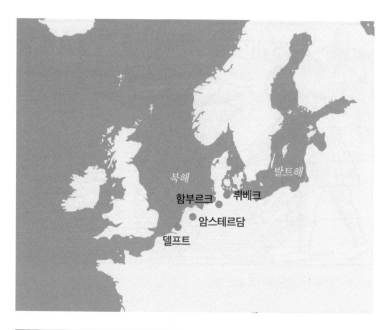

17세기 청어잡이가 흥했던 네덜란드 주변 지도(위)와 그 당시부터 전해 내려온 전통 청어 요리(아래)

하지만 중세 온난기를 지나며 청어의 회유 경로가 발트해에서 북해로 변했습니다. 이런 기회를 포착한 네덜란드는 연안으로 헤엄쳐오는 청어를 기다렸다가 잡는 기존 방식에서 탈피해 바위스Buss라는 어선을 타고 먼바다에서 청어의 회유 경로를 앞질러 가서 잡았고, 청어를 잡는 즉시 갑판에서 절여 보관하는 방법을 개발했습니다. 소빙기의 청어잡이는 네덜란드가 부를 축적하는 원천이 되었습니다. 17세기 네덜란드에서는 청어를 잡는 어부만 3만 명이 넘었고, 보존·가공·유통·그물 제조 등 관련 분야 인력까지 합치면 45만여 명에 이를 정도였습니다.

네덜란드는 국토가 그리 넓지 않지만, 세계를 주름잡는 거대 해양 제국으로 성장했습니다. 세계 최초 주식회사이자 당대 세계 최대 회사였던 네덜란드의 동인도회사가 자본주의의 성장과 확산에서 중요한 위치를 차지할 정도였습니다. 네덜란드의 번영이 17세기에 집중되어 있는 것은 우연이 아닙니다. 네덜란드의 번영은 청어를 기반으로 시작되었고, 네덜란드에게 청어는 소빙기가 불러온 축복이었던 셈입니다.

이러한 청어와 네덜란드의 관계를 확인할 수 있는 문화로, 지금도 네덜란드 길거리에서 흔히 먹을 수 있는 네덜란드의 대표적인 음식 '하링harring'이 있습니다. 하링은 청어를 소금에 절여 살짝 삭힌 뒤 양파 및 피클을 곁들여 먹는 음식입니다. 비릿한 향 때문에 '호불호'가 있을 수 있는데도, 네덜란드 사람치고 하링을 싫어하는 사람을 찾아보기 힘들다고 합니다. 게다가 네덜란드 사람들은 하링

청어 잡이가 흥했던 당시의 17세기 네덜란드(요하네스 베르메르, 〈델프트 풍경〉)

에 대한 자부심이 커, 외국인에게 먹어보라고 권유하는 경우가 많다고 합니다. 우리나라 사람들이 김치에 대해 느끼는 감정과 비슷한 것 같습니다.[2]

소빙기의 청어는 어디로 갔을까?

지구상 동물들은 자연환경의 변화에 따라 생태가 달라질 수 있습니다. 특히 혹독한 자연환경의 급변으로 대멸종Great Dying을 가져올 수도 있습니다. 페름기 대멸종의 경우 전체 생명체의 90%가 사라진 것으로 알려져 있을 정도입니다. 하지만 살아남은 동물들은 환경 변화에 적응했고, 서식지를 확보한 동물들은 번식을 통해 개체 수를 유지할 수 있었습니다.

인간 역시 자연환경의 영향을 받을 수밖에 없습니다. 일찍이 많은 지식인이 기후를 비롯한 자연환경이 인간 생활에 영향을 미친다는 환경론적 관점에 주목했습니다. 특히 19세기 지리학의 환경결정론은 아날학파 등 역사학 연구에 기여했습니다.

지리학자들은 신생대의 자연환경 변화와 인류 문명의 상호작용에 대해 오랜 기간 연구해왔습니다. 산업 혁명 이후 화석 연료가 본격적으로 이용되면서 대기 중 온실 기체가 늘어나 기후가 급격하게 변화했고, 20세기 중반 이후에는 다양한 분야의 학자들이 협력하며 지구의 미래에 대해 고민하고 있습니다. 근대 이후 인간은 스스로를 일반 동물과 다른 '대단한 존재'라고 생각했지만, 사실 인간도 동물 중 하나일 뿐이므로 자연환경이 파괴되면 갈 곳이 없습니다. 그래서 다시 환경론에 대한 관심이 고조되고 있습니다.

소빙기의 기후변화는 청어의 서식지를 변화시켰고, 청어의 서식지 변화는 다시 인류 문명을 변화시켰습니다. 기후변화가 결국 인류 문명에 영향을 준 셈입니다. 그런데 인간의 활동이 이러한 소빙기를 불러온 원인일 수도 있습니다. 이미 여러 지리학자가 유럽인의 아메리카 대륙 식민지화를 소빙기의 원인으로 지적했습니다.[3]

1492년 이후 유럽인들은 아메리카 대륙으로 진출해, 아메리카 전역을 식민지로 삼았습니다. 이 과정에서 대서양 동쪽의 유라시아 및 아프리카와 대서양 서쪽의 아메리카 대륙 사이에 사람과 동식물은 물론 종교, 사상, 기술 등의 이동이 이루어졌습니다. 이를 '콜럼버스 교환Columbian Exchange'[4]이라고 합니다. 그런데 이때 유럽인들이 가지고 있던 감염병까지 옮겨가면서, 이에 대한 면역이 없던 아메리카 대륙 원주민 인구의 약 90%가 사망하는 인류학적 재앙이 발했습니다.

이로 인해 아메리카 대륙의 원주민 문명이 붕괴하면서, 오랜 기간 그들이 개척해놓은 경작지는 순식간에 황폐해졌습니다. 드넓은 경작지가 다시 숲으로 변화하는 재삼림화reforestation 과정을 겪은 셈입니다. 삼림이 늘어나자 광합성으로 대기 중 이산화탄소 비율을 낮추는 탄소 순환의 변화가 생겨났습니다. 이는 16세기 이후 소빙기의 기온 하강을 초래한 원인 중 하나로 작용했습니다.

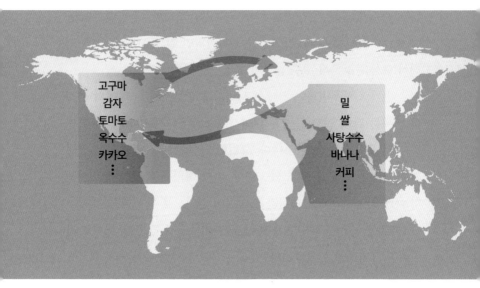

결국 산업 혁명 이전에도 인간은 지구에 영향을 주었던 셈입니다. 어쩌면 문명을 변화시킨 소빙기 기후변화는 인간으로부터 비롯되었을지도 모릅니다. 이처럼 지구의 환경은 고정불변하지 않습니다. 지구는 다양한 요소가 끊임없이 상호작용하는 역동적인 공간이기 때문입니다. 기후도 변화하고, 해양도 변화합니다. 동물들은 서식지의 환경이 변화하면 그에 대응합니다. 동물이 생존하는 가장 대표적인 전략이 바로 이동입니다. 청어도 마찬가지입니다. 근대로 넘어가며 소빙기가 끝나고 기후가 다시 온난해졌습니다. 그러자 한류를 따라 북상해버린 청어는 더 이상 한반도나 네덜란드 앞바다에

서 보기 힘들게 되었습니다.

청어가 생존을 위해 이동하는 것처럼, 인간 역시 더 좋은 환경을 찾아 이주합니다. 인류가 아프리카라는 한정된 공간을 벗어나 전 세계로 흩어져 살게 된 이유를 후빙기의 기후변화에서 찾는 학자가 많습니다. 문제는 21세기 기후변화는 그전까지 겪었던 중세 온난기나 소빙기보다 훨씬 급격하다는 점입니다. 동물이 살기 어려운 지구 환경을 만들어놓고 인간만 다른 행성으로 이주하는 방법을 찾기보다, 인간이 지구 생태계에 미치는 부담을 줄일 방법을 찾는 것이 더 바람직할 것입니다.

인간이 기후를 변화시키면, 기후 역시 인간을 변화시킵니다. 지구에서 함께 살아가는 모든 동물을 위해서라도 기후변화에 관심을 가져야 합니다. 그 열쇠가 바다에도 있는 만큼, 지속 가능한 바다 이용에 대해서도 근본적인 문제의식과 꾸준한 실천이 필요합니다.

기후변화로 등장해
기후변화에 맞서는
존재가 되다
유럽들소

술에 풀을 넣어 먹는 나라

보드카vodka는 보리, 밀, 호밀 등의 곡물을 증류해서 만든, 알코올 도수가 40도 이상인 술입니다. 가장 먼저 떠오르는 보드카의 나라는 러시아입니다. 높은 알코올 도수의 보드카를 마시면 몸이 금세 따뜻해져 추운 겨울을 이겨낼 수 있기 때문에 러시아 사람들은 보드카를 즐겨 마십니다. 러시아에서 보드카는 단순한 알코올 음료가 아니라, 몸을 덥히고 마음을 안정시키는 동절기 생필품입니다.

폴란드도 뒤지지 않습니다. 폴란드는 최초의 보드카 기록이 러시아보다 앞서기 때문에 자국이 보드카의 원조라고 주장합니다. 실제로 폴란드에 가면 다양한 종류와 여러 브랜드의 보드카를 만날 수 있습니다. 특히 폴란드 사람들에게 인기 있는 주브로브카 Żubrówka는 술병의 라벨부터 인상적입니다. 유럽들소european bison 뒤로 펼쳐진 초록색 풀밭과 울창한 숲이 싱그러운 느낌을 줍니다.

유럽들소 뒤로 풀밭과
울창한 숲이 그려진
주브로브카의 라벨

그리고 그림 아래 'BISON GRASS'라는 문구가 적혀 있어, 이 술이 들소가 먹는 풀과 관련 있음을 알 수 있습니다. 이 술에는 실제로 풀이 들어 있습니다. 보통 보드카는 색, 맛, 향이 없을수록 좋은 제품으로 취급받는데, 이 보드카는 신선한 풀냄새가 납니다.[1] 브랜드명은 폴란드어로 유럽들소를 일컫는 주브르 żubr에서 유래했습니다. 유럽들소가 즐겨 먹는 풀을 넣어 만든 보드카라니, 참으로 이색적인 상품입니다.

보드카 브랜드에서 엿볼 수 있듯이, 폴란드 사람들은 유럽들소를 자국의 자랑이자 상징으로 여깁니다.[2] 그런데 유럽에도 들소가 살고 있다니 얼핏 와닿지 않습니다. 보통 들소는 아프리카나 인도의 야생, 또는 미국의 대평원 같은 넓은 들판에서 살 것으로 생각됩니다. 현대적이고 도시화된 이미지의 유럽에서는 거대한 야생 동물인 들소가 살지 않을 것 같습니다. 하지만 유럽에도 들소가 있습니다. 과거에는 지금보다 더 많이 살았고, 한때 멸종 위기에 내몰린 적도 있습니다. 그러나 최근에 개체 수가 극적으로 증가해, 현재 유럽 들판과 숲에서 'bison grass'를 뜯어먹으며 생활하고 있습니다.

기후변화로 사라진 동물과
탄생한 동물

✦

우리에게는 누런 색깔의 길들여진 소가 익숙하지만, 야생에서 살아가는 소도 많습니다. 야생의 소는 크게 물소buffalo와 들소bison로 구분할 수 있습니다. 물소는 아프리카와 아시아의 열대 기후 지역에 살고, 물가를 좋아합니다. 그리고 들소는 유럽과 북아메리카의 건조 및 온대 기후 지역에 살며 들판과 숲을 좋아합니다. 들소는 유럽들소와 아메리카들소로 나뉘는데, 두 종 모두 서 있을 때 키가 1.5~2m에 달하고 길이는 2~3.5m나 됩니다. 몸집이 큰 만큼 무게도 많이 나가 300~1,000kg에 이릅니다. 두 들소 모두 각 서식지에서 가장 큰 야생 동물입니다.[3]

두 들소는 꼬리의 길이, 뼈의 갯수, 무리의 규모 등에서 차이가 있으며, 가장 쉬운 구분 방법은 등의 혹 크기입니다. 아메리카들소는 앞다리 쪽 등이 위로 크게 굽어 거대한 혹이 있는 것처럼 보이고, 유럽들소는 등의 혹이 상대적으로 작은 편입니다.

들소는 지구의 마지막 빙하기인 플라이스토세에 북반구 중위도와 고위도 지역의 거대한 초원에서 번성했던 대형 포유류 중 하나입니다. 플라이스토세에 유라시아와 북아메리카에는 툰드라 초원이 광범위하게 펼쳐져 있었습니다. 이때 대초원에서 번성한 들소를 '스텝들소steppe bison'라고 합니다. 약 1만8,000년 전에서 1만1,700년 전까지 기간은 최종 빙기에서 가장 한랭했던 때부터 현재의 후빙기

다양한 들소(위: 물소, 가운데: 아메리카들소, 아래: 유럽들소)

로 이행하는 시기입니다. 이를 만빙기late glacial period라고 합니다.[4] 만빙기에는 기온이 점차 온난해지면서 초지였던 곳이 숲으로 변해 갔습니다. 이로 인해 몸집이 거대한 초식 동물은 생존에 필요한 만큼 풀을 찾기가 점차 힘들어졌습니다. 또한 빙기의 추위를 버티는 데 보탬이 되었던 두꺼운 털은 점차 온난해지는 기후에 적응하는 데 걸림돌이 되었습니다. 이처럼 만빙기의 기후변화로 인해 마스토돈, 매머드, 털코뿔소 등의 대형 포유류가 대규모로 멸종하는 '플라이스 토세 대멸종'이 발생했습니다.

스텝들소는 대형 포유류 중에서 만빙기의 기후변화에 적응하며 살아남은 드문 사례입니다. 스텝들소는 초지가 사라지고 숲이 자리 잡은 곳에서 일반적인 초식 동물이 소화할 수 없는 나뭇잎이나 나무껍질을 먹으면서, 식생의 변화에 적응해나갔습니다. 이 동물과 다른 대형 포유류의 차이점은 바로 되새김질입니다. 보통 초식 동물들은 타닌tannin 성분을 섭취하면 소화 기능을 잃어 영양분을 잘 흡수하지 못하므로, 나뭇잎과 나무껍질을 먹을거리로 선호하지 않습니다. 반면 들소는 되새김질을 하는 반추동물이기 때문에 타닌을 소화해 갑작스러운 기후변화 환경에서도 효과적으로 적응할 수 있었습니다.[5] 만빙기의 기후변화에서 살아남은 스텝들소의 후손이 바로 현재의 아메리카들소입니다. 따라서 아메리카들소는 스텝들소의 직계 후손으로 볼 수 있습니다.

그렇다면 스텝들소와 유럽들소의 관계는 어떻게 될까요? 최근 연구에 따르면, 유럽들소는 스텝들소와 오록스aurochs(현대 가축화된

유럽 선사 시대 동굴 벽화 속 들소의 모습 비교(위: 스텝들소, 아래: 유럽들소)

소의 조상)의 교배로 새롭게 탄생한 종입니다.[6] 최종 빙기가 절정에 이른 시기에 구석기인들이 그린 프랑스의 라스코Lascaux 동굴과 파르구제Pargouzet 동굴 벽화에는 두 종류의 들소 그림이 있습니다. 당시 구석기인들은 '등이 위로 크게 굽은 들소'와 '등이 평평한 들소'의 차이를 명확하게 구별해 벽화에 표현했습니다. 전자는 아메리카들소, 후자는 유럽들소의 모습과 유사합니다. 이를 토대로 당대 유럽에서는 두 종류의 들소가 동시에 살았다는 것을 추론할 수 있습니다.

따라서 만빙기에 스텝들소와 오룩스 간의 잡종인 들소가 새롭게 등장하면서 스텝들소와 잡종 들소가 유럽에서 공존했고, 이 중 잡종 들소가 현재까지 살아남아 유럽들소로 이어졌다고 볼 수 있습니다. 기후변화로 인한 유럽들소의 등장은 일반적으로 이종 간의 잡종이 생식 능력이 없어 번성하기 힘들다는 생명과학의 법칙을 넘어선 사례입니다.

벼랑 끝에 내몰렸다가 돌아오다

기후변화에서 살아남은 유럽들소는 우수한 환경 적응력을 토대로 러시아에서 에스파냐에 이르는 유럽 대부분 지역에서 번성했습니다. 흔히 '들소'라고 하면 '들판'에서 풀을 뜯어 먹으며 살아갈 거라고 생각하지만, 유럽들소는 들판과 숲을 오가면서 살아가는 특성이 있습니다. 앞서 언급한 것처럼 들소는 풀뿐 아니라 나뭇잎과 나무껍질도 잘 먹고, 탁 트인 들판을 거니는 것은 물론 울창한 숲속에서 몸을 숨기는 것도 좋아합니다.

그런데 기후변화보다 유럽들소의 생태에 더욱 위협적인 적은 인

숲속에 있는 유럽들소 어미와 새끼.
유럽들소는 숲과 들판을 오가며 산다.

간입니다. 유럽인들이 본격적으로 농사를 지으면서 유럽들소가 드 나들어야 할 들판과 숲이 농경지로 변화했습니다. 인구가 증가하면 서 농경지 면적이 확대되었고, 인간이 유럽들소를 단백질 공급원 으로 활용하면서 사냥도 점차 늘어났습니다. 즉, 인간이 자연에 개 입하는 행위가 늘어나면서 유럽들소의 개체 수가 지속적으로 감소 한 것입니다. 이미 중세 시대부터 폴란드의 원시림인 비아워비에자 Białowieża 숲을 포함한 일부 지역을 제외하고 유럽들소를 보기 힘들 어졌습니다.

유럽들소를 멸종 위기에서 구해준 나라는 16세기 말부터 18세 기 말까지 동유럽을 호령했던 폴란드입니다. 당시 폴란드는 리투아 니아와 연합 왕국을 이루면서 동유럽의 넓은 영토를 통치했습니다. 초대 국왕인 지그문트 2세Zygmunt II August(재위 1548~1572)는 비아 워비에자 숲에 특별한 지위를 부여하고, 이 숲에 사는 동식물을 보 호하도록 했습니다. 비아워비에자 숲에 사는 유럽들소를 허가 없이 사냥하면 사형에 처하는 법까지 마련했습니다. 허가받지 않은 사냥 과 벌목을 막기 위해 숲 감시원을 고용하는 것은 물론, 유럽들소에 게 직접 먹이를 주기도 했습니다. 그 덕분에 유럽들소는 멸종 위기 에서 벗어나 일정한 개체 수를 유지할 수 있었습니다.[7] 물론 이러한 정책의 목적은 '유럽들소 보호'라기보다 '왕실 사냥터 보호'였기 때 문에 진정한 동물 보호라고 하기는 어렵습니다. 그러나 결과적으로 멸종 위기에 내몰린 유럽들소가 비아워비에자 숲속에서 살아남았 다는 측면에서는 긍정적으로 평가할 수 있습니다.

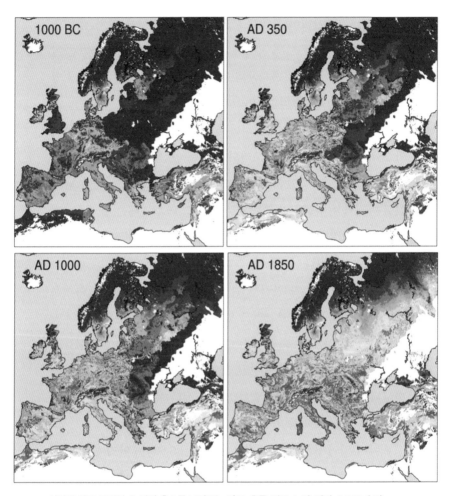

시기에 따른 유럽의 숲 면적 축소를 보여주는 지도. 초록-연두-노랑-빨강 순으로 숲이 줄어들고 있다.

폴란드-리투아니아 왕국은 1772년부터 1795년에 걸쳐 러시아, 프로이센, 합스부르크 세 제국에 의해 분할되며 사라졌습니다. 이후 비아워비에자 숲은 러시아의 지배에 놓이며, 기존의 숲 보호법이 흔들리기 시작했습니다. 그리고 제1차 세계 대전 때 독일군이 점령하면서 심하게 파괴되었습니다. 독일군들은 2년 반 만에 숲 면적의 20% 정도를 벌목하고, 고기와 모피를 생산하기 위해 600여 마리의 유럽들소를 죽였습니다. 1921년에 비아워비에자 숲에 남아 있던 마지막 유럽들소가 밀렵으로 죽었고, 1927년에는 캅카스산맥에 생존해 있던 야생 유럽들소까지 죽어, 결국 유럽들소는 야생에서 멸종하고 말았습니다.[8]

하지만 유럽들소가 완전히 멸종한 것은 아닙니다. 비록 야생은 아니지만 동물원에서 보호받고 있던 유럽들소가 남아 있었습니다. 폴란드는 제2차 세계 대전 이후 다른 나라 동물원에 있던 유럽들소 12마리를 비아워비에자 숲으로 돌려보내 야생화하는 프로젝트를 진행했습니다. 폴란드의 유럽들소 복원 센터는 성공적인 개체 복원을 위해 다양한 노력을 기울였습니다.[9]

이에 힘입어 유럽들소의 야생 개체 수가 6,500여 마리에 이를 정도로 급증했습니다. 유럽들소를 멸종 위기에서 구해낸 폴란드 비아워비에자 숲은 현재 1,000여 마리의 개체가 살고 있는 세계 최대의 유럽들소 서식지입니다. 유럽 각지에서 살고 있는 유럽들소 역시 동물원과 비아워비에자 숲을 거쳐 복원된 12마리의 후손이라고 할 수 있습니다.

동물원에 있는 유럽들소. 1921년 야생에서 멸종되었지만 동물원에 있던 12마리 덕분에 야생 복원이 가능했다. ©한준호

폴란드 비아워비에자 숲의 유럽들소

유럽들소는 비버, 회색물범, 아이벡스 등과 함께 제2차 세계 대전 이후부터 현재까지 유럽에서 개체 수가 급증한 동물로 꼽힙니다.[10] 멸종 직전 상황까지 갔던 유럽들소는 그동안 IUCN의 적색 목록에서 '취약' 등급이었으나, 2020년에 '준위협' 등급으로 완화되었습니다.[11]

동물원의 목적 중 하나는 야생 동물을 전시하는 것입니다. 이로 인해 많은 동물이 학대와 고통에 시달린다며 비판받아왔습니다. 하지만 동물원 덕분에 멸종 위기 동물인 유럽들소가 살아남아 지금과 같이 번성했다는 사실이 조금 아이러니하기도 합니다. 보전생태학에서는 동물을 기존 서식지에서 보전하기 힘들 때 서식지 외 보전ex situ conservation 방식을 채택하는데, 이때 동물원은 멸종 위기 동물을 보전 및 재도입하기 위한 발판으로서 중요한 역할을 합니다. 동물원의 이러한 기능을 노아의 방주에 빗대어 '동물원 방주'라고 부르기도 합니다.[12]

기후변화에 맞서는 존재가 되다

유럽들소의 개체 수가 많이 증가하긴 했지만, 전성기에 비하면 아직 많이 부족합니다. 유럽은 산업화의 꽃이 일찍 피었지만, 그 이면에서 자연이 도구화되고 파괴되었습니다. 이러한 근대적 자연관에 대한 반성의 일환으로, 인간 활동에 의한 자연 파괴를 되돌리려는 움직임이 점차 확대되고 있습니다. 이런 움직임에는 멸종 위기에 처한 유럽들소와 같은 동물의 개체 수를 늘리려는 노력도 포함됩니다.

이와 관련해 최근에 등장한 트렌드 중 하나가 '재야생화rewilding' 입니다. 파괴된 자연의 회복을 추구한다는 점에서 기존의 '환경 보호'와 비슷합니다. 하지만 그 방법은 조금 다릅니다. 재야생화는 파괴된 자연을 회복하는 주체가 인간이어야 한다는 점과 모든 수준에서 인간이 적극 개입해 해결해야 한다는 것에 반대합니다. 인간이 자신을 '지구의 수호자'나 '관리자'로 여기는 '성경적 신화'를 버려야 한다는 것입니다. 재야생화 관점에서는 인간이 자연에 간섭하는 것을 거부합니다. 인간은 최소한으로만 개입하고, 이후 자연이 역동적으로 스스로 회복할 수 있도록 기다려야 합니다.[13] 이러한 방식에서는 자연 회복의 성과가 가시적으로 보이지 않을 수 있습니다. 하지만 조바심 내지 않고 기다리면 자연 스스로 생태 회복 프로세스를 발휘할 거라는 입장입니다.

실제로 자연에는 생태 회복 프로세스에서 주도적 역할을 하는 동물이 있습니다. 본능적인 생태 특성상 자연 경관을 만들어내는 역할을 하기 때문에 다른 동식물 종의 서식에도 도움을 줍니다. 이러한 동물을 '생태계 공학자ecosystem engineer'라고 하며, 유럽들소는 유럽에서 생태계 공학자로서 큰 역할을 하는 핵심적인 종입니다.

유럽들소는 주로 풀을 먹지만, 나무와 덤불도 먹습니다. 유럽들소가 나무와 덤불을 쓰러뜨리고 먹이를 먹는 과정에서 고사목이 형

● 재야생화가 진행된 지역
재야생화 계획이 있는 지역
*2015년 기준

스웨덴   핀란드

노르웨이

에스토니아

발트해

라트비아

러시아

북해   리투아니아

덴마크

비아워비에자 숲   벨라루스

아일랜드   영국   네덜란드

폴란드

벨기에   독일   우크라이나

체코

슬로바키아

프랑스   스위스   오스트리아   헝가리   몰도바

루마니아

크로아티아   세르비야

모나코   이탈리아   불가리아   흑해

알바니아

포르투갈   에스파냐   그리스

티레니아해   튀르키예

지중해

유럽에서 재야생화 프로젝트가 진행 중이거나 계획 중인 지역(Rewilding Europe)

성되면, 곰팡이와 곤충의 새로운 서식지가 됩니다. 유럽들소의 이러한 행동은 빽빽한 숲에서 군데군데 탁 트인 경관을 만들어 햇빛이 숲의 바닥까지 들어오게 합니다. 획일적이고 그늘졌던 빽빽한 숲의 일부분이 유럽들소에 의해 탁 트인 경관으로 바뀌면서, 다양한 식생 환경이 조성되고 동물의 서식지가 확보되는 것입니다. 특히 유럽들소는 진흙 구덩이에서 뒹굴며 목욕하는 것을 좋아하는데, 이로 인해 만들어진 구덩이에서 도마뱀, 곤충 등 여러 동식물이 살아갈 수 있습니다. 또한 유럽들소가 먹이를 먹고 다른 곳으로 이동해서 배설하면, 이 배설물을 통해 식물이 씨를 퍼뜨립니다. 즉, 유럽들소가 숲의 역동적이고 다양한 생태계를 만들어내는 데 핵심적 역할을 하는 셈입니다.[14]

생태계 공학자로서 동물의 역할을 기대하는 유럽 국가가 또 있습니다. 2022년 영국에서는 세 마리의 유럽들소를 방사했고 그중 일부가 새끼를 낳은 일이 있었습니다. 영국에서는 유럽들소가 돌아오면 생태계가 자연적으로 회복하는 기능이 되살아난다는 점에 주목했습니다. 이는 기후위기 시대에 생태계의 대응력을 높이는 데 도움이 될 것으로 기대하는 것입니다.[15] 유럽들소는 생태적 본능에 충실할 뿐이지만, 그들이 만들어낸 건강한 숲은 더 많은 탄소를 흡수하고, 기후변화를 완화하는 데 기여할 수 있습니다.[16] 또한 에스파냐에서는 유럽들소가 돌아온 숲에서 산불의 원인이 되는 덤불이 제거된다는 점에 주목합니다. 유럽들소가 덤불을 제거하면 과도하게 밀집된 숲의 밀도가 적정한 수준을 유지해 화재 위험이 낮아지고,

숲속에서 휴식을 취하는 유럽들소. 유럽들소가 나무 껍질을 먹고 문질러서 고사목을 만드는 것은 생태계 다양성 회복에 도움이 된다.

결과적으로 탄소 배출량이 줄어들기 때문입니다.[17]

이처럼 대형 초식 동물의 활동은 기후변화를 늦추는 데 도움이 됩니다. 즉, 활발한 먹이 활동이 식생의 밀도를 적정 수준으로 조절해 산불의 발생과 강도를 줄여줍니다.[18] 인간이 세밀하게 통제하고 관리하는 것이 아니라, 스스로 회복할 기회를 충분히 주고 한 발짝 물러나서 지켜보면 자연은 서서히 '재야생화'될 것입니다. 기후변화와 지구의 생물종 다양성 위기를 극복하는 데 유럽들소가 생태계 공학자로서 더욱 활약하길 기대합니다.

인간에게

이용되고

인간과

③

함께하고

'부드러운 금'을 찾아
침엽수림을 거쳐
바다까지
해달

보노보노는 수달일까, 해달일까?

일본의 만화 작가 이가라시 미키오五十嵐三喜夫가 1986년부터 연재를 시작한 만화 〈보노보노〉는 우리나라에서 동명의 애니메이션으로 더 널리 알려져 있습니다. 〈보노보노〉는 출시 이후 한국과 일본 어린이들에게 많은 인기를 끌었습니다. 그런데 주인공 보노보노는 어떤 동물일까요? 인터넷 검색창에 보노보노가 어떤 동물인지 검색하면, 비슷한 궁금증을 가진 이들이 꽤 많다는 점을 확인할 수 있습니다. 특히 수달인지 해달sea otter인지 궁금해하는 사람이 많습니다.

수달과 해달은 어떤 차이가 있을까요? 사실 수달이 해달보다 큰 범주입니다. 수달, 즉 족제빗과 수달아과에 속하는 동물들은 물을 좋아하고 물에서 먹이를 잡아먹으며 살아갑니다. 수달아과에 속하는 수달은 10여 종이 넘고, 이 중 우리나라에 사는 수달은 수달아과의 유라시아수달입니다. 유럽과 아시아의 강이나 호수 주변에 살

'보노보노는 수달일까 해달일까' 구글 검색 결과

바다에서 배영을 하는 해달

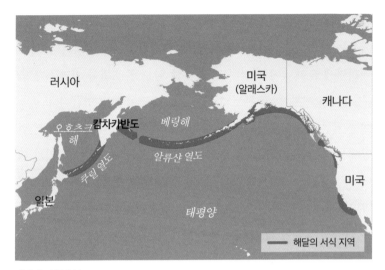

해달의 서식지 분포

면서 물고기나 갑각류 등을 잡아먹습니다. 반면 해달은 수달아과에 속하는 다른 동물의 생태와 달리 민물이 아니라 바다에 삽니다. 바다에서 태어나 바다에서 일생의 대부분을 살고 바닷속 성게, 조개, 갑각류 등을 주식으로 삼습니다. 단단한 껍데기를 갯바위에 내려쳐 깨뜨린 뒤, 바다에서 배영을 하면서 먹이를 먹습니다. 이러한 점을 바탕으로 하면, 보노보노는 해달로 보는 게 적절합니다. 왜냐하면 보노보노는 항상 손에 조개를 들고 다닐 정도로 조개를 좋아하고, 바다에서 배영을 하면서 음식을 먹거나 쉬는 장면이 작품 곳곳에 등장하기 때문입니다.

해달의 서식지는 북태평양 연안과 그 주변 해역입니다. 현재 해달을 만날 수 있는 나라는 러시아, 미국, 캐나다 정도입니다. 러시아에서는 쿠릴 열도, 캄차카반도 일대가 해달의 서식지입니다. 북아메리카에도 해달이 서식하고, 알류샨 열도를 포함한 알래스카 남부, 캐나다 서부, 미국 본토의 서부에도 해달이 살고 있습니다. 과거에는 일본 홋카이도부터 미국 캘리포니아까지, 북태평양 대부분 연안에서 해달을 흔히 볼 수 있었습니다. 하지만 지금은 서식지가 많이 축소되었습니다. IUCN에 따르면 해달은 현재 적색 목록에서 '위기Endangered' 등급으로 분류되어 있습니다.[1] 과거에는 흔히 볼 수 있었던 해달이 왜 이처럼 멸종 위기에 처했을까요?

냉대 기후 지역을 따라
동쪽으로 나아간 러시아

✦

해달의 멸종 이야기를 시작하기에 앞서, 냉대 기후 지역과 러시아 이야기를 먼저 해보겠습니다. 지구상에서 면적이 가장 넓은 나라인 러시아는 영토가 아시아와 유럽 두 대륙에 걸쳐 있습니다. 또한 러시아의 영토와 냉대 기후 지역의 범위가 거의 일치합니다. 모스크바 일대에서 루스족이 13세기경에 건국한 모스크바 공국을 기원으로 하는 러시아는, 처음에는 냉대 기후 지역의 서쪽 일부만 차지했습니다.

그런데 '차르'라는 호칭을 처음으로 사용한 이반 4세가 1547년

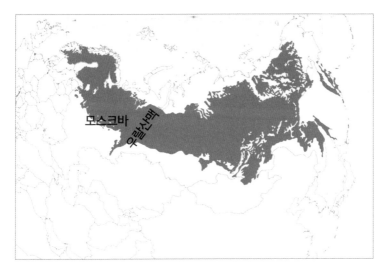

러시아를 중심으로 펼쳐져 있는 타이가

에 황제로 등극한 뒤, 러시아는 서쪽 유럽만이 아니라 동쪽의 아시아로도 나아가고자 하는 특유의 지리적 정체성을 보입니다. 표트르 대제Peter the Great(재위 1682~1725년) 이후 러시아는 끊임없이 서쪽의 유럽과 근대화를 지향하는 동시에, 우랄산맥 너머 동쪽으로 영토 확장을 꾀합니다.

러시아가 모스크바에서 동쪽으로 약 6,000km가 넘는 지역까지 영토를 넓힌 이유는 무엇일까요? 물론 서쪽의 유럽에는 많은 민족과 강대국이 있으니, 상대적으로 거주 인구가 적고 주로 약소 민족이 살고 있는 동쪽으로 영토를 넓히는 것이 용이했을 것입니다. 그런데 사실 러시아의 동진東進은 단순히 영토 확장을 위해서만이 아니었습니다. 그보다 더 중요한 이유가 있습니다. 우랄산맥 동쪽 땅에는 냉대 기후 지역이 드넓게 펼쳐져 있고, 이곳에 타이가taiga라는 침엽수림과 '부드러운 금soft gold'이 매우 많았기 때문입니다. 부드러운 금이란 바로 '모피'를 의미합니다.

털이 많은 포유류의 모피는 추운 겨울을 나기 위한 방한용품으로 활용됩니다. 하지만 대부분의 유럽에서는 모피용 포유류가 귀해 비싼 가격에 거래되었습니다. 모피용 포유류로는 족제비, 여우, 검은담비sable 등이 있는데, 그중 검은담비의 가치가 높았습니다. 체온을 유지하기 위해 높은 밀도의 털을 보유하고 있어 보온성이 우수했기 때문입니다. 동유럽의 슬라브족은 일찍이 검은담비의 모피를 화폐 단위로 사용할 정도로 중요하게 여겼기 때문에 러시아는 이러한 모피를 서유럽에 판매해서 필요한 식량이나 물자를 얻었습니다. 그렇지만 동유럽의 모피가 항상 풍부하지는 않아서, 모피의 높은 환금 가치를 금에 빗대어 '부드러운 금'이라고 부른 것입니다. 한때 유럽에서는 모피 소유 여부가 부유층 또는 귀족의 상징이었다고 합니다.

17세기경 '소빙기'의 기후 조건이 특히 모피 수요를 증가시켰습니다. 평년보다 한랭한 기온이 나타난 소빙기에는 지구 전역에 추위가 몰아치고 유럽의 하천과 운하가 얼어붙었습니다. 당시에는 화석 연료를 난방용으로 본격 사용하기 전이라서 대다수 사람이 겨울철이면 추위에 떨어야 했습니다. 당시 옷감은 면, 마(리넨), 비단 등에 불과해, 모피보다 성능이 좋은 방한 소재가 없었습니다. 따라서

타이가에 살고 있는 검은 담비

부유층이나 귀족이 아닌 서민들도 소빙기 때 얼어죽지 않으려면 모피가 필요했습니다.

이렇게 모피의 가치가 이전보다 높아지는 시기에 러시아는 '모피 로드'를 개척했습니다.[2] 우랄산맥 동쪽 영토의 가치에 주목한 것입니다. 동쪽의 냉대 기후 지역을 따라 펼쳐진 울창한 타이가에 검은담비가 많이 서식했기 때문입니다.

러시아 제국은 용맹한 무사 집단인 코사크Cossack를 앞세워 동쪽의 여러 민족을 정복해나갔습니다. 그리고 정복지의 주민들에게 세금 명목으로 검은담비의 모피를 바치도록 했습니다. 유럽으로 판매된 모피는 러시아 제국이 부를 쌓는 데 도움이 되었습니다. 과도한 사냥으로 해당 지역의 검은담비 개체 수가 줄어들면, 러시아의 정복자들은 더욱 동쪽으로 나아갔습니다. 결국 유라시아 대륙을 동서로 가로질러 태평양의 부속해인 오호츠크해까지 진출했는데, 검은담비를 찾아 떠난 '모피 로드'의 여정이 러시아를 두 대양에 걸친 제국으로 만든 셈입니다.

'바다의 부드러운 금'을 찾아 바다를 건너…

유라시아 대륙의 동쪽 끝이 어디인지 궁금했던 표트르 대제는 덴마크계 러시아 군인이었던 비투스 베링Vitus Bering(1681~1741)을 제독으로 임명하고, 새로 도달한 육지 너머의 지리 정보를 알아오라고 지시했습니다. 이를 '대북방탐험Great Northern Expedition'이라고 합니다.

베링이 이끄는 탐험대는 유라시아 대륙을 가로질러 오호츠크해 연안에 도착했고, 이곳에서 1725년부터 1731년까지 캄차카반도 일대 해안을 탐험하며 지리 정보를 확인했습니다. 이후 베링 탐험대는 1733년부터 1743년까지 이루어진 2차 탐험에서 드디어 현재 '베링해' 연안인 유라시아 대륙의 동쪽 끝을 확인했습니다. 대북방탐험을 통해 베링은 유럽인 최초로 해달을 만났습니다. 탐험단의 일원으로 생물 조사를 수행한 독일계 자연사학자 게오르크 슈텔러 Georg W. Steller(1709~1746)는 겉모습은 물개, 물범과 유사하지만 크기는 더 작은 해달의 생태에 주목해, 해달의 모피가 검은담비의 모피보다 더 뛰어나다는 점을 알게 되었습니다.

해달은 포유류 중에서 밀도가 가장 높은 털을 가지고 있습니다.[3] 해달이 사는 북태평양 고위도의 바닷물은 매우 차갑습니다. 해달의 모피는 $1cm^2$당 최대 14만여 개의 털을 가지고 있는데, 이는 사람의 머리카락 밀도보다 약 700배나 더 촘촘합니다. 해달과 같이 차가운 바다에서 살아가는 고래, 물개, 물범 등 다른 해양 포유류는 피하 지방을 늘리는 방식으로 진화했지만, 해달은 이들과 달리 모피의 털을 빽빽하게 하여 피부와 차가운 바닷물이 접촉하지 않게 하는 방식으로 진화했습니다. 그리고 모피 속 공기층 덕분에 해달은 바다 위에 쉽게 뜰 수 있었습니다.

베링해 건너 알래스카에도 많은 해달이 서식한다는 사실을 알게 된 러시아는 모피를 찾아 북아메리카 연안까지 영토를 확장했습니다. 18세기 러시아의 모피상이었던 알렉산드르 바라노프 Alexander Baranov(1746~1818)는 새로운 '바다의 부드러운 금'을 찾아 알래스카에서 '러시아-아메리카 회사'라는 무역 회사를 운영했습니다. 그리고 알래스카 해안에 거점 도시인 노보아르항겔스크 Novo-Arkhan-

게오르크 슈텔러가 그린 해달 스케치

gelsk[*]를 건설했습니다. 이곳에서 바라노프는 원주민들을 정복하고 이들을 이용해서 해달의 모피를 획득했습니다. 바라노프는 모피를 판매할 새로운 시장으로 중국을 주목하고, 중국에 모피를 대량 판매해 큰 경제적 이익을 얻었습니다. 그뿐 아니라 러시아의 알래스카 총독으로 군림하면서 명성을 드높였습니다. 바라노프의 성공 및 알래스카의 번영은 해달의 가죽 위에서 이루어진 셈입니다.

* 현재는 싯카Sitka로 개칭되었다.

해달의 가죽으로 만든 모피(1892년)

하지만 모피를 얻기 위한 과도한 해달 사냥은 해달의 서식지 축소와 개체 수 감소를 가져왔고, 새로운 해달 서식지를 찾기 위한 비용이 점점 증가해 해달 모피 무역의 경제성이 한계에 다다랐습니다. 러시아 제국은 해달을 찾아 영토를 넓히다 보니 너무 광활한 영토로 인해 효율적인 행정과 관리가 어려워지는 딜레마에 빠졌습니다. 특히 모스크바와 거리가 너무 먼 알래스카는 실질적인 통치가 어려운 지경이 되었습니다. 영국과 미국이 태평양 연안에서 세력을 확장하며 알래스키에서 자신들과 충돌을 빚을 것으로 예상되자, 러시아는 알래스카의 소유 여부를 결정해야 하는 상황에 직면했습니다. 때마침 영국에서 시작된 산업 혁명으로 공장제 면직물을 대량 생산하면서 종전보다 해달 모피의 대중적 수요가 감소해 경제적 가치가 떨어졌습니다. 결국 1876년에 러시아는 720만 달러를 받고 알래스카 영토를 미국에 양도했습니다.

해달이 사라진 바다에서 나타난 '나비효과'

해달은 평생 바다에서 생활하는 것이 가능하고, 심지어 잠도 바닷물 위에 떠서 잡니다. 해달은 잠을 잘 때 물살에 떠내려가지 않으려고 켈프kelp라는 해조류로 몸을 묶습니다. 다시마보다 훨씬 거대한 켈프가 군락을 이루는 해저는 마치 육상의 울창한 숲과 비슷한 모습입니다. 또한 해달에게 켈프는 단순히 안전하게 잠을 자기 위한 도구만이 아닙니다. 그 이유를 알려면 멸종 위기에 내몰린 해달 서식지에서 일어난 생태계의 변화에 주목해야 합니다.

모피 무역이 시작되기 전, 전 세계 해달의 개체 수는 약 15만~ 30만 마리로 추정됩니다.[4] 하지만 지나친 사냥으로 인해 20세기 초에는 개체 수가 약 2,000마리로 줄어 거의 멸종 위기에 처했습니다. 일찍이 해달의 상업적 사냥이 시작된 지역에서는 해달의 씨가 말랐고, 서식지가 파편화되었습니다. 이에 따라 모피 무역이 의도치 않게 해안 생태계 변화에 영향을 주었습니다. 해안 생태계의 상위 포식자인 해달이 줄어들자, 해달의 먹이 개체 수가 증가했습니다. 특히 해달을 제외한 다른 동물이 잘 먹지 않는 성게의 수가 급격하게 증가해 성게의 먹이인 켈프의 개체 수가 급감하는 상황이 벌어졌습니다.

우리나라에서도 이와 비슷한 일이 일어났습니다. 독도 주변 해역에서 성게 개체 수 증가로 해조류가 사라져 바다의 사막화 현상인 '갯녹음'이 가속화되었습니다. 해달 서식지에 갯녹음 현상이 발생한 것입니다. 그래서 갯녹음을 영어로 'urchin barren'(성게 불모지)이라고 부릅니다.[5] 켈프가 줄어들면 청어와 같은 어류가 산란할 곳이 사라져 어류의 개체 수 감소에도 영향을 미칩니다. 이렇게 해달의 개체 수 감소는 '성게 증가 → 켈프 감소 → 어류 변화' 순으로 영향을 주어, 생태계 전반이 붕괴하게 됩니다.

해달의 개체 수가 급감하거나 부분적으로 멸종된 미국, 캐나다

켈프를 몸에 감고 있는 해달

수족관에서 볼 수 있는 켈프©george ruiz

의 태평양 연안 지역에서는 해달을 다시 도입하기 위한 프로젝트를
시행하고 있습니다. 알래스카에 남은 해달을 데려와 해달의 서식지
를 복원하면 생태계의 균형이 되살아날 거라고 기대하는 것입니다.
구체적으로 해달을 통한 성게 개체 수 과잉 억제로 켈프 숲을 유지하는 것은 어류의 개체 수 증가와 켈프 숲의 탄소 저장까지 도모할 수 있습니다. 게다가 해달의 개체 수가 증가하면 관광 수요 증가에도 많은 영향을 줄 것입니다.[6]

인간의 지나친 욕심으로 멸종 위기에 처했던 해달은, 생태계에 미치는 영향이 크다는 점이 알려진 후 복원 대상이 되어 점차 개체 수를 회복하고 있습니다. 해달처럼 생태계의 균형을 유지하는 데 중요한 역할을 하는 종을 '핵심종keystone species'이라고 합니다. 키스톤keystone은 아치형으로 쌓은 벽돌 구조 전체의 균형을 맞추는 가운데 돌을 일컫습니다. 생태학자들은 특정 지역의 생태계에서 특정 동물이 사라지면 어떤 일이 일어나는지, 특히 상대적으로 어떤 종이 생태계에 더 큰 영향을 미치는지 등에 주목합니다. 해달의 개체 수 변화에 따른 생태계 변화를 통해, 인간이 자연의 키스톤을 건드리면 안 된다는 교훈을 얻게 됩니다.

동물,
공존의
대상이 맞나?
양

순한 양의 반전과 실체

복실복실한 하얀 털이 포근하게 느껴지는 양sheep. 목장에서 평화롭게 풀을 뜯어 먹는 양은 목가적 분위기의 문학 작품에도 자주 등장합니다. 크리스트교 문화권의 왕과 성직자들은 스스로를 목자(양치기)로 불렀는데, 이는 자기 백성이나 신자를 돌보는 일을 양을 치는 행위에 비유한 것입니다. 통상적으로 양의 해에 태어난 양띠 아이들은 순하다고 표현합니다. 그런데 이런 유순한 이미지로 대표되는 양의 모습은 인간에 의해 만들어진 것이라고 볼 수 있습니다.

양은 부드럽고 고분고분한 성격이 아니었습니다. 이를 증명하는 흔적이 많이 남아 있습니다. 적진을 공격할 때 쓰였던 수레 중 하나인 충차衝車, battering ram의 이름은 숫양이 화났을 때 뿔로 들이받는 모습에서 따온 것입니다. ram into(~을 들이받다)는 숫양*이 들이받는 데서 유래했습니다. 양을 염소, 라마 등과 함께 풀어놓으면 자기

가축화된 양의 원종 중 하나로 알려진 무플론mouflon

영역에 침범하지 못하게 다른 동물들을 들이받는 경우도 있습니다. 고집도 세고 제멋대로인 데다 사람도 종종 들이받기 때문에, 인간은 최초로 가축화된 늑대인 개를 통해 양들을 통제해왔습니다.

양은 원래 야생 동물이었습니다. 호모 에렉투스, 네안데르탈인과 같은 고인류는 오늘날과 다른 거칠고 사나운 야생양을 사냥했습니다. 그러다가 대략 1만 년 전에 많은 것이 달라지기 시작했습니다. 인류는 식물종을 비롯한 몇몇 동물의 삶을 바꾸었습니다. 즉, 신석기 혁명이 일어나면서 농경과 목축이 시작되고 사육 시대domesticity가 열렸습니다. 영단어 'domesticate'(길들이다)의 어원은 라틴어 'domus'(집)입니다. 여기서 집과 가축의 밀접한 연관성을 엿볼 수 있습니다. 인류는 개에 이어 양과 염소, 소와 돼지, 말과 당나귀, 낙타를 가축화했습니다. 살아 있는 동물이 이때부터 인간의 '소유물'이 된 셈입니다.[1] 1만 년 전에는 수백만 마리의 양, 염소, 소, 돼지가 아시아와 아프리카의 일부 지역에서 살았지만, 오늘날에는 전 세계에서 12억 마리 이상의 양, 11억 마리 이상의 염소, 15억 마리 이상의 소, 9억 마리 이상의 돼지가 사육되고 있습니다(2021년 기준).[2]

---

*   암양은 ewe, 생후 1년 미만 새끼양은 lamb, 다 자란 양은 mutton이라고 한다.

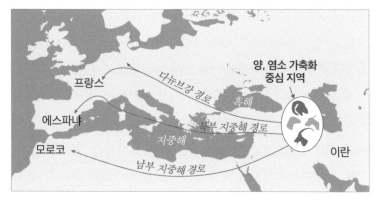

양의 가축화와 전파 과정

가축화 초기 형태를 보여주는 튀르키예 아쉬클리 회위크Aşikli Höyük.©Joe Wallace

필요에 의한 가축화,
필요에 의한 개량

백조를 한 마리, 두 마리, 수를 늘려가며 색깔을 조사한다고 해서 '모든 백조는 희다'라는 주장이 과학적 진리라고 확증할 수는 없습니다. 그러나 희지 않은 한 마리의 백조만 발견하면 '모든 백조는 희다'라는 주장을 반증할 수 있습니다. 반증주의falsificationism로 불리는 과학철학을 주장한 칼 포퍼Karl R. Popper(1902~1994)의 생각처럼, 인간이 길들일 수 없었던 수많은 야생 동물의 사례는 쉽게 찾아볼 수 있습니다. 한 가지 이유만 찾아도 되기 때문입니다. 지리학자 재레드 다이아몬드Jared M. Diamond는《총, 균, 쇠》에서 '안나 카레니나 법칙*'을 통해 148종에 달하는 전 세계 육지에 서식하는 야생 초식성 포유류(가축화 후보 종) 중에서 겨우 14종만 가축화를 위한 시험에 통과한 이유를 설명합니다.[3] 그는 '성장 속도, 감금 상태에서 번식시키는 문제, 골치 아픈 성격, 겁먹는 버릇, 사회적 구조'를 모두 만족해야 시험을 통과할 수 있다고 말합니다.

가축은 좁은 공간에 가둬놓고 키워야 하기 때문에 무리 속에

---

*   "행복한 가정은 모두 엇비슷하고 불행한 가정은 불행한 이유가 제각기 다르다."
러시아의 대문호 레프 톨스토이Lev N. Tolstoy의 위대한 소설《안나 카레니나》
에 나오는 첫 문장이다. 결혼 생활이 행복하려면 수많은 요소가 성공적이어야
하듯이, 성공하기 위해서는 여러 가지 조건이 모두 충족되어야 하고, 만약 하나
의 조건이라도 충족되지 못하면 실패할 수밖에 없다는 뜻이다.

서 스스로 질서를 잡고 위계를 지킬 줄 아는 동물이 가축화하기에 유리합니다. 무리를 짓는 양의 습성은 한자 '群'(무리 군)의 부수가 '羊'(양 양)인 것에서도 엿볼 수 있습니다. 양은 무리의 일원일 때 안도감을 느끼는데, 무리 가운데에서 서열을 이루고 리더가 있어 인간이 관리하기 쉽습니다. 역사학자 유발 하라리가 《사피엔스》에서 "가장 공격적이고 통제가 어려운 양을 제일 먼저 도축하고, 가장 순종적이고 마음에 드는 양은 오래오래 살면서 번식하도록 허락했다"라고 말한 것처럼,[4] 양은 어느 순간 탄생한 것이 아니라 인간이 오래 길들여 만들어진 가축입니다. 끊임없는 반복을 통해 더 살찌고 호기심은 줄고 순종적인 새로운 '종'으로 거듭난 것입니다.

양은 가축이 된 이래 고기와 젖, 가죽과 털, 기름 등을 인간에게 안정적으로 제공했습니다. 특히 영국에서는 양의 품종 개량과 산업 혁명이 맞물렸습니다. 가축의 체계적인 선택적 육종selective breeding을 최초로 시행한 로버트 베이크웰Robert Bakewell(1725~1795)은 영국의 농업 혁명에서 매우 중요한 인물로 꼽힙니다. 그가 레스터셔와 우스터셔 지방의 털이 긴 양을 교배해서 만든 '뉴 레스터' 양은 대단히 빠른 속도로 성장해 생후 2년이면 시장에 내다 팔 수 있는 양모羊毛, wool를 생산해 높은 수익을 가져다주었습니다.[5] 대량 생산된 양모는 공장에서 모사毛絲나 모직毛織으로 탈바꿈했는데, 긴 양모를 줄 모양으로 늘여 꼬아서 짠 모직물을 일컫는 우스티드Worsted, 梳毛絲라는 이름이 우스테드Worstead라는 영국의 한 마을에서 비롯된 것은 우연이 아닙니다.

로버트 베이크웰이 선택적 육종을 통해 만든 뉴 레스터(디실리) 양

서남아시아에서 처음으로 가축이 된 양은 이미 인간에 의해 고
대 바빌로니아 문명기부터 고기 생산과 양모 생산용으로 구분되었
습니다. 또한 인구의 폭발적 증가로 수요를 감당하기 위한 자본 집
약적 농업 시스템에 기반해 더 많은 고기와 양모를 생산할 수 있도
록 개량되었습니다. 이런 측면에서 양은 생명체라기보다 단위 면적
당 무게로 계산되는 상품으로만 취급당했는지도 모릅니다.

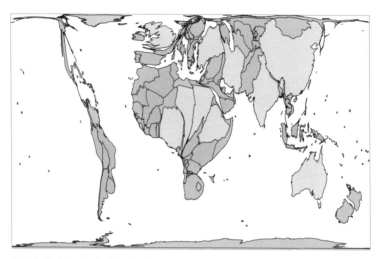

국가별 양 사육 두수에 따라 면적이 다르게 표현된 왜상 통계 지도cartogram. 국가별 면적은
해당 국가의 양 사육 두수와 비례한다.(노란색 음영 국가는 2020년 기준 양 사육 두수 상위
10개국이며 데이터가 없는 지역은 면적 변화 없음)

오스트레일리아의 예술가이자 동물권 운동가인 조 프레데릭스Jo Frederiks의 〈날마다EVERY.
DAY.〉. 무가치한 것으로 간주되는 무고한 생명의 말살에 대해 표현했다.ⓒJo Frederiks

다음에는 양모 생산을 둘러싸고 열띤 이야기와 고민을 나누어온 세계 제3위(2020년 사육 두수 기준) 양 사육 국가의 이야기를 해보겠습니다.

26마리로 시작된 양모 산업의
빛과 그림자

✦

오늘날 양모를 얻기 위한 품종 가운데 가장 대표적인 것은 메리노 merino입니다. 수천 년 동안 지역 조건과 선택적 육종에 따라 다양한 품종 개량이 이루어졌고, 에스파냐는 고품질의 양모 생산에 최적화된 메리노양을 보유하게 되었습니다. 1765년 전까지 수출이 매우 엄격하게 금지되었고, 왕실에 충성스러운 신하들만 하사받을 정도로 메리노양은 가치가 높았습니다.

1797년 26마리의 메리노양이 처음으로 오스트레일리아에 발을 디뎠습니다. 존 맥아더John Macarthur(1767~1834)로부터 시작된 오스트레일리아의 양모 산업은 수십 년 만에 급격하게 성장했습니다.[6] 그리고 19세기 후반에 사육자들은 원래 에스파냐 품종보다 최대 10배 이상 많은 양모를 생산할 수 있는 개량을 이뤄냅니다. "오스트레일리아는 양의 등에 탄다Australia was riding on the sheep's back"라는 말은 20세기 내내 양모가 오스트레일리아 국가 경제의 기반이자 주요 수출품이었음을 잘 보여줍니다. 오늘날 양모 생산은 온대 기후 지역과 스텝 기후 지역에서 주로 이루어집니다. 대부분 남동부의 뉴사우스웨일스주와 빅토리아주에 집중되어 있습니다.

오스트레일리아의 전통적인 양모 판매 및 수출 중심지로는 멜버른 근교에 있는 절롱을 들 수 있습니다. 절롱의 지리적 위치와 상인들의 열정은 양모를 전 세계로 수출하기에 완벽했습니다. 양모의 중심지였음을 증명하듯이, 절롱에는 국립 양모 박물관이 있습니다.

한편, 막대한 지하수가 있다고 알려진 대찬정 분지Great Artesian Basin를 개발해, 광범위한 지역에서 지하수층의 물이 지표로 솟아나오도록 우물을 만들어 용수를 확보했습니다. 이는 양 사육 지역이 내륙의 건조 기후 지역까지 확대되는 데 도움을 주었습니다. 1800년대 말 퀸즐랜드주와 뉴사우스웨일스주의 허허벌판을 개발할 때 정착민들은 대찬정 분지의 지하수를 마구 뽑아 썼습니다. 1915년까지 1,500여 개의 우물을 통해 대찬정 분지에서 쏟아져나온 지하수는 매일 약 20억 리터(올림픽 공식 수영장을 1,000여 개나 채울 수 있는 양)나 되었습니다. 이로 인해 자연적으로 지하수가 솟아오르는 우물은 줄고 펌프를 통해 지하수를 끌어올려야 하는 우물은 늘어났습니다.[7]

야생에서 살아가는 양과 달리, 많은 양모를 얻기 위해 피부를 쭈글쭈글하게 만든 메리노양은 스스로 털갈이를 하지 못합니다. 방치하면 양이 털 무게에 눌려 제대로 움직이지 못하기 때문에 오스트레일리아나 뉴질랜드에서는 양모를 주기적으로 깎아주지 않는 행위를 동물 학대로 간주합니다. 또한 주름이 많을수록 많은 양모가

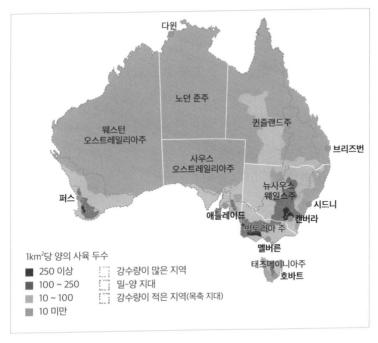

1km²당 양의 사육 두수

- ■ 250 이상
- ■ 100 ~ 250
- ■ 10 ~ 100
- ■ 10 미만
- ⬚ 강수량이 많은 지역
- ⬚ 밀-양 지대
- ⬚ 강수량이 적은 지역(목축 지대)

오스트레일리아의 양 사육 밀도

1966~1988년에 사용된 오스트레일리아 2달러 지폐 앞면의 존 맥아더와 메리노양

나온다는 잘못된 인식이 100년이 넘게 널리 퍼져, 메리노양은 피부의 통풍이 어려워졌고 기생충에 취약해졌습니다. 오스트레일리아에 우연히 유입되었지만 매우 흔해진 루실리아 쿠프리나Lucilia cuprina 등의 기생파리가 메리노양의 주름지고 축축한 피부에 알을 깝니다. 부화한 구더기는 양의 살을 파먹고 패혈증을 초래하는데, 이를 플라이스트라이크flystrike라고 합니다. 양은 엄청 고통스러워하다가 며칠 내 죽을 수도 있습니다.

뮬싱, 배려와 폭력 사이

1929년 존 뮬스John Mules는 '빠르고 저렴하고 효율적인' 시술을 고안했습니다. 구더기가 끼는 것을 방지하기 위해 새끼 양의 항문 주위 피부를 도려내어 배설물이 최대한 축적되지 않게 하는 방법인데, 이를 뮬싱mulesing이라고 이름 붙였습니다. 뮬싱은 가축과 6개월(경우에 따라 12개월) 이하 어린 동물은 다른 동물만큼 고통을 느끼지 않는다는 미신에 기반을 두었습니다.[8] 수의학이 발달하면서 어린 동물도 고통을 느낀다는 사실이 밝혀졌지만, 인간과의 첫 접촉이자 마취 없이 이루어지는 이 과정에서 어린 양의 고통을 아랑곳하지 않고 시술을 단행했습니다. 오늘날에는 오스트레일리아에서 필수 인증 및 교육 프로그램을 이수한 전문가만 뮬싱을 수행하지만, 여전히 새끼 양에게 극심한 고통과 공포, 스트레스를 주는 행위입니다. 그래

뮬싱이 이루어지는 과정ⓒFOUR PAWS International

서 영국을 비롯한 유럽에서는 뮬싱이 엄격하게 금지되어 있고, 인근 국가인 뉴질랜드는 동물 복지(돌봄 및 절차) 규정을 통해 2018년 10월부터 이를 위반할 경우 처벌하고 있습니다. 하지만 오스트레일리아에서는 빅토리아주를 제외한 모든 지역에서 진통제 없이 이루어지는 뮬싱이 합법입니다. 따라서 뮬싱을 둘러싼 논쟁과 함께 대안들이 제시되고 있습니다.

가장 큰 양모 생산 지역인 뉴사우스웨일스주에서는 동물정의당 The Animal Justice Party 소속 마크 피어슨Mark Pearson 의원이 2022년 1월 1일 이후 뮬싱을 금지하는 2019 동물 학대 방지 수정 법안(가축 사육 절차에 대한 제한)을 주 의회에 제출했습니다. 그러나 여러 반발로 인해 보류됐습니다. 동물정의당은 뉴사우스웨일스주에서 2030년까지 뮬싱을 단계적으로 완전히 금지할 것을 요구하고 있습니다. 페타PETA, 포 포스Four Paws와 같은 동물권 옹호 단체 또한 뮬싱 금지를 위해 노력하고 있습니다. '뮬싱 프리mulesing free'를 외치며 뮬싱 없는 양모 사용을 목표로 하겠다는 패션 브랜드와 이에 공감하는 소비자도 점차 늘어나고 있습니다.

낯선 시술이지만 외과 병동도 마찬가지입니다.
_데이비드 영David Young, 양모 생산업자

플라이스트라이크에 대한 효과적이고 영구적인 해결 방법이 발견되지 않은 현시점[9]에서, 다른 한편으로는 뮬싱이 전통과 경제성이라는 이유로 정당화되고 있습니다. 양모 생산업자들은 여전히 뮬싱을 고수합니다. 그 이유는 뮬싱으로 인한 새끼 양의 고통보다 플라이스트라이크로 인한 고통 해결이 더 중요하다고 판단하기 때문입니다. 현재 면역원은 연구되었지만[10] 효과적인 백신이 없고,[11] 살충제에 대한 파리의 내성이 높아지고 있는 상태입니다. 즉각적이고

물싱과 동물 복지 사이 논란에 휩싸인 오스트레일리아 뉴사우스웨일스주의 양들

실행 가능한 대안이 마련되지 않는다면 양모 생산업자들은 뮬싱 금지가 현실적으로 이루어지기 어렵다고 생각합니다. 궁금하면 직접 검색할 수 있지만, 차마 사진을 보여주기 어려울 정도로 플라이스트라이크는 양에게 참혹한 고통을 줍니다. 오스트레일리아에서 가장 큰 농업 조직인 뉴사우스웨일스 농장주NSW Farmers는 뮬싱을 금지하면 수백만 마리의 양을 위험에 빠뜨릴 거라며 우려를 전하기도 했습니다.

오스트레일리아에서는 동물 복지 향상에 공감하며 뮬싱을 위해 진통제와 마취제 사용을 채택하는 목장 비율이 86% 이상(2020년 기준)으로 크게 늘었고, 액체 질소를 이용해 양의 엉덩이 주변 피부를 냉각시켜 주름을 덜 심하게 하는 시술 등 여러 대안이 꾸준히 나오고 있습니다. 몸에 구더기가 끓게 하는 것, 항문 주위 피부를 도려내는 것, 나아가 인간이 없으면 생존하기 어려운 종을 만들어낸 것 중에서 어느 것이 더 폭력적일까요? 그리고 오스트레일리아는 과연 그들만의 뮬싱을 어떠한 방향으로 바꿔나갈까요? 양의 등에 올라탔던 오스트레일리아는 이제 뮬싱당하는 양의 눈망울을 한 번 더 살펴봐야 할 때입니다.

이는 비단 오스트레일리아 양만의 이야기가 아닙니다. 발굽에 편자를 붙여주지 않으면 통증을 느끼도록 길들여진 말, 날개가 퇴화해 완전히 날 수 없게 길들여진 닭 등 인간의 소유물이 되어 본래 모습과 달라진 동물이 많습니다. 인류가 동물을 함께 살아가는 동반자로 느끼는 또 다른 한편에는, 동물을 또 하나의 생명체로 생각하지 않고 자신들을 위해 무자비하게 이용하는 폭력성이 존재하기도 했던 것입니다. 이 지구에서 인간만 살아갈 수는 없습니다. 동물이 하나둘 사라지면 곧 인간 차례가 올 것입니다. 동물을 대하는 관점과 태도를 어떻게 바꿔갈 것인가, 이것이 앞으로 우리 인류에게 주어진 중요한 과제입니다.

고기와 금기에 대한
믿음의
차이
돼지

돼지를 먹는 사람들,
돼지를 먹지 않는 사람들

여러분은 '돼지pig' 하면 어떤 생각이 가장 먼저 떠오르나요? 문화에 따라 동물을 바라보는 인식이 상반될 수 있다는 점을 극명하게 보여주는 동물이 바로 돼지입니다. 예를 들어, 우리나라에서 돼지는 행운과 부를 상징합니다. 돼지꿈을 꾸면 큰 복이 온다고 생각해 복권을 구매하고, 고사를 지낼 때는 돼지머리를 제사상에 올려 간절한 마음을 표현하기도 합니다.

하지만 세계 모든 사람이 우리와 같은 인식을 가지고 있지는 않습니다. 일부 지역에서는 돼지를 부정적으로 여기기도 합니다. 유대교 경전에는 발굽이 갈라지고 되새김질하는 동물만 정결하다고 나와 있습니다. 그래서 유대교에서는 되새김질하지 않는 돼지를 부정한 동물로 여깁니다. 유대교의 영향을 받은 이슬람교에서도 돼지

인류와 매우 친숙한 돼지(위: 멧돼지, 아래: 집돼지)

고기를 먹지 말라는 내용이 쿠란에 기록되어 있습니다.

> 죽은 고기와 피와 돼지고기를 먹지 말라, 또한 알라(하나님)의 이름으로
> 도살되지 아니한 고기도 먹지 말라, 그러나 고의가 아니고 어쩔 수 없이
> 먹을 경우는 죄악이 아니라 했거늘 하나님은 진실로 관용과 자비로 충
> 만하심이라.
> - 쿠란 2장 173절

유대교와 이슬람교에서 돼지를 부정적으로 인식하는 문화가 형
성된 것은 돼지의 생태와 건조 기후 지역의 지리적 배경으로 해석
할 수 있습니다. 첫째, 돼지는 잡식성이므로 종류를 가리지 않고 먹
이를 많이 먹습니다. 그런데 건조 기후 지역에는 먹거리가 풍부하
지 않아, 돼지와 인간이 한정된 먹거리를 두고 경쟁할 수밖에 없습
니다. 둘째, 돼지는 땀샘이 거의 없어 체온 조절을 위해 그늘과 많
은 물이 필수적입니다. 그러나 강수량이 적은 건조 기후 지역에서
는 돼지를 가축으로 키우는 데 필요한 물을 안정적으로 확보하기
어렵습니다.
　따라서 돼지는 건조 기후 지역에서 가축으로 사육하기에 적합하
지 않습니다. 건조 기후 지역에서 기원한 유대교와 이슬람교에서
종교적 상징으로 돼지를 금기시함으로써 신자들에게 실용적인 가
축을 키우도록 안내한 것이라고 추론할 수 있습니다.

우리와 매우 친숙한 동물, 돼지

✦

문화에 따라 돼지를 상반되게 받아들이지만, 돼지가 사람과 매우 가까운 동물이라는 점은 부인할 수 없습니다. 돼지는 인간과 생리학적으로 유사한 점이 많습니다. 돼지의 유전자 지도를 연구한 결과에 따르면, 인간과 돼지는 조직과 장기의 모양을 결정하는 유전자가 비슷하다고 합니다. 따라서 돼지의 내장은 크기를 제외하면 인간의 내장 구조와 흡사해, 오늘날에는 돼지의 장기를 인체에 이식하는 사례까지 나타나고 있습니다.

집돼지와 야생 멧돼지는 털의 유무나 피부색 등에서 많이 차이나지만, 조상은 같습니다. 오늘날 우리가 일반적으로 돼지라고 칭하는 집돼지는 야생 멧돼지를 가축화한 것입니다. 돼지는 인류가 농경생활을 시작하면서 비교적 일찌감치 가축화한 동물 중 하나입니다. 돼지의 습성이 농경 사회에 적합했기 때문입니다.

돼지가 가축화된 시기를 정확하게 추정하기는 어렵지만, 지금으로부터 약 1만 년에서 1만 2,000년 전이라고 알려져 있습니다. 그 장소 중 한 곳이 인류 최초로 농경 문화가 싹튼 서남아시아의 '비옥한 초승달 지대Fertile Crescent'입니다. 돼지를 최초로 가축화한 지역인데, 이후에는 이슬람 문화권에 속해 돼지고기를 금기하는 점이 아이러니하게 느껴지기도 합니다.

돼지는 인간이 남긴 음식이나 배설물까지 먹어 치우는 습성을 토대로 가축화되며 사람들과 함께 살아왔습니다. 또한 무리 짓는 습성

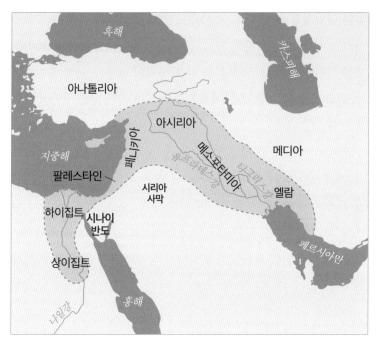

흑해

카스피해

아나톨리아

아시리아

메디아

페니키아

메소포타미아

지중해

팔레스타인

유프라테스강

티그리스강

엘람

시리아
사막

하이집트

시나이
반도

상이집트

페르시아만

나일강

홍해

농경 문화가 싹트면서 돼지가 가축화된 '비옥한 초승달 지대'

이 있어 인간이 울타리를 쳐도 쉽게 적응하고, 영역을 지키려는 습
성이 다른 동물에 비해 낮아 가축화하기에 용이했습니다. 게다가 한
번에 새끼를 여러 마리 낳아 생산성이 높다는 점도 유리하게 작용했
습니다.

소가 농경 사회의 주요 동력원으로 이용되고, 고기와 우유 등을
제공한 데 비해, 돼지는 주로 고기를 얻기 위해 사육됐습니다. 다른
가축과 비교할 때, 돼지는 비교적 적은 양의 먹이를 주더라도 많은

양의 단백질을 얻을 수 있고 가격도 비교적 저렴해, 풍족한 밥상을 지키는 재료로 자리 잡을 수 있었습니다. 우리나라의 경우 돼지는 오랜 기간 명절이나 잔칫날 온 마을 사람의 배를 든든히 불려주었고, 지금도 삼겹살, 돈가스, 제육볶음 등의 요리가 많은 사람의 사랑을 받고 있습니다.

오늘날 돼지의 전 세계 사육 두수는 9억 7,000만 마리가 넘습니다. 세계에서 돼지 사육 두수가 가장 많은 나라는 중국으로, 전 세계 사육 두수의 46.1%를 치지합니다(FAO, 2021년 기준). 중국 식당에서 '고기肉'라고만 되어 있으면 일반적으로 돼지고기를 의미하는데, 이는 중국인이 돼지고기를 얼마나 중시하는지 알 수 있는 사례입니다.[1]

돼지를 앞세운 종교 전쟁

돼지 얘기를 할 때 빼놓으면 섭섭해하는 나라가 또 있습니다. 바로 에스파냐입니다. 근래 우리나라에서 프리미엄 돼지고기로 인기를 끌고 있는 '이베리코 돼지'는 에스파냐가 위치한 이베리아반도의 지명에서 유래한 것입니다. 에스파냐의 돼지 사육 두수는 3,400만 마리가 넘는데, 이는 유럽 최대 규모이며 전 세계 네 번째입니다. 그 정도로 에스파냐는 양돈 산업이 발달해 있습니다.

에스파냐 사람들이 이처럼 돼지고기를 많이 먹는 이유는 무엇일까요? 그것은 에스파냐의 역사와 관련 있습니다. 에스파냐가 위치한 이베리아반도는 8세기부터 약 800년 동안 북부 일부 지역을 제외한 대부분 지역이 이슬람 세력의 영향을 받았습니다. 이슬람 세력은 크리스트교도와 유대인이 이슬람교도와 함께 살아갈 수 있도록 관용적인 정책을 펼쳤습니다. 이를 '콘비벤시아Convivencia'라고 합니다. 하지만 약 800년 후 에스파냐는 이슬람 세력을 북아프리카로 몰아내고 이베리아반도의 통치권을 되찾는 '레콩키스타Reconquista'를 이룹니다. 그리고 남아 있던 이슬람교도와 유대인에게 크리스트교(가톨릭)로 개종하도록 강요하고, 거부한 사람은 강제로 개종시키거나 외부로 추방했습니다. 따라서 추방당하지 않으려면 크리스트교로 개종할 수밖에 없었습니다. 특히 대부분 유대인은 겉으로 크리스트교도인 척하면서 몰래 유대교의 관습을 지키며 생활했습니다.

에스파냐는 유대인들이 '가짜 개종자' 행세하는 것을 못마땅하게 여겼습니다. 개종한 유대인을 '마라노Marano'라고 불렀는데, 이는 '돼지'라는 뜻으로 경멸의 의미가 담긴 표현이었습니다. 가짜 개종자들을 색출하기 위해 돼지고기를 먹는 행사를 대대적으로 열기도 했습니다. 유대인들은 에스파냐 지배하에서 살아남기 위해 크리스트교로 개종했다는 사실을 증명하며 많은 사람이 보는 앞에서 돼지고기를 먹었습니다. 에스파냐는 돼지고기를 유대인의 율법에서 금기시한다는 점을 이용해 이베리아반도에 대한 지배력을 강화하고자 유대인들에게 문화적 폭력을 가한 것입니다. 이러한 역사적

돼지를 가공해서 만든 에스파냐의 하몬

배경과 관련해 에스파냐 사람들에게 돼지고기는 '레콩키스타'를 기억하는 문화적 전통으로 자리매김했습니다.

　에스파냐의 돼지고기 문화는 하몬jamón이나 초리소chorizo 같은 가공품에서도 잘 드러납니다. 하몬은 돼지의 뒷다리살을 이용해서 염장과 건조 과정을 거쳐 만듭니다. 전쟁 과정에서 병사들에게 제공할 식량이 필요하자 고기를 소금에 절여 쉽게 상하지 않도록 가공한 하몬이 탄생했습니다. 병사들은 빵에 얇게 썬 하몬을 얹어 먹었고, 하몬에 들어 있는 소금은 덥고 건조한 기후에서 병사들이 버틸 수 있도록 도왔습니다. 특히 크리스트교 국가와 이슬람교 국가의 종교 갈등으로 벌어진 전쟁인 만큼, 병사들이 하몬을 통해 '우리는 돼지고기를 먹는 크리스트교도'임을 강조하려 했다는 말이 전해지기도 합니다.

지중해성 기후가 낳은 이베리코 돼지

하몬 중에서도 이베리코 돼지로 만든 것을 최상품으로 여깁니다. 이베리코 돼지는 '이베리코 데 베요타Iberico de bellota'라고 불리는데, 여기서 '베요타'는 우리말로 '도토리'를 의미합니다. 즉, 도토리를 먹고 자란 돼지의 고기로 만든 하몬이 최상품으로 대우받습니다. 이베리코 돼지로 인증받기 위해서는 매 단계 까다로운 조건을 충족해야 합니다. 따라서 에스파냐에서 생산되는 하몬 중 이베리코 데 베요타는 3% 정도에 불과하며, 무게로 환산할 경우 세계에서 가장 비싼 햄에 속합니다.[2]

이베리코 돼지의 사육 조건에는 '데헤사dehesa'에서 최소 2개월 이상 방목하면서 도토리를 주사료로 먹여야 하는 것이 있습니다. 데헤사는 이베리아반도 남서부에서 농업과 임업을 함께할 수 있는 특유의 촌락 경관을 지닌 곳으로, 지중해성 기후 지역의 주요 식생인 코르크참나무와 목초지가 주된 경관 요소입니다. 이베리코 돼지는 데헤사의 코르크참나무 아래 목초지에서 도토리를 먹으며 자랍니다. 숲이 파괴되지 않을 정도로 방목 시점과 사육 밀도 등을 규제하기 때문에 1헥타르당 0.4~0.6마리를 방목합니다.[3] 사육 기간도 보

좋은 하몬의 재료가 되는 이베리코 돼지

통 농장 돼지보다 긴 편입니다. 우리나라에서는 돼지를 6개월 정도 사육한 뒤 출하하는 반면, 이베리코 돼지는 10~17개월 정도 사육한 뒤 출하합니다.[4] 이베리코 돼지는 상대적으로 오랫동안 키워야 하기 때문에 사룻값이나 방목 비용이 많이 들 수밖에 없어 경제성과 효율성이 떨어지지만, 프리미엄 품종이라는 자부심과 에스파냐 돼지에 대한 신뢰로 인해 이러한 사육 방식이 유지되고 있습니다.

이처럼 야생 멧돼지의 삶과 반쯤 닮은 이베리코 돼지의 사육 환경은 '동물 복지 축산'을 떠올리게 합니다. 축산 측면에서 동물 복지란 "동물이 태어나서 죽음을 맞이할 때까지 불필요한 고통을 겪지 않고 타고난 습성을 표현할 수 있도록 해주는 것"을 말합니다.[5] 이러한 관점에서 볼 때 이베리코 돼지의 사육 방식은 '윤리적 양돈 방식'으로 주목할 만합니다.[6] 그러나 이베리코 돼지에 대해 막연한 환상을 가지는 것은 경계해야 합니다. 높은 가격을 받기 위해 도토리가 아닌 일반 사료를 먹인 돼지를 잠시 데헤사에서 방목한 뒤, 이베리코 돼지로 둔갑시켜 파는 경우도 있기 때문입니다. 또한 이베리코 돼지 사육의 까다로운 조건 때문에 에스파냐 돼지의 90% 이상은 우리와 크게 다르지 않은 공장식 축산 형태의 환경에서 사육됩니다. 2020년에는 한 동물권 단체가 축산 농가에 잠입해 공장식 축산의 열악한 실태를 폭로하기도 했습니다. 이베리코 돼지의 친환경적 이미지를 지닌 '청정 양돈국' 에스파냐에서도 돼지 사육을 둘러싼 지속 가능성 및 동물 복지에 대한 논란은 비슷하다는 점을 알 수 있습니다.[7]

공장식 축산이 나아가야 할 방향

돼지 사육을 둘러싼 동물 복지 논란은 비단 에스파냐만의 문제가 아닙니다. 우리나라에서도 동물 복지 축산에 대한 목소리가 높아지

공장식 축산으로 운영되는 돼지 사육장

고 있지만, 양돈 분야에서는 여전히 부족한 부분이 많습니다. 동물 복지 인증을 받은 농장 수를 비교해보면, 닭이나 소와 달리 돼지 사육 농장에서 동물 복지 인증은 지지부진한 상태입니다.[8] 우리나라에서 돼지 동물 복지 인증을 받은 농장은 17개소에 불과한데(2022년 6월 기준), 산란계 204개소, 젖소 31개소와 비교하면 훨씬 적습니다.[9] 농장이 동물 복지 인증을 받았다고 하더라도, 돼지고기에 동물 복지 인증 마크를 부착하기 위해서는 차량, 도축장 등 돼지가 사육되고 도축되는 전 과정에서 동물 복지 인증을 받아야 합니다. 하지만 우리나라에서 동물 복지 인증을 받은 도축장은 단 두 곳에 불과하기 때문에, 동물 복지 인증을 받은 돼지고기를 접하기 어려운 것이 현실입니다.[10]

2019년 아프리카 돼지 열병African Swine Fever, ASF이 출몰하면서, 돼지 사육을 둘러싼 동물 복지에 대한 논의가 더욱 활발해졌습니다. 당시 ASF의 전파 원인으로 야생 멧돼지의 이동이나 감염된 가공물의 항공 및 항만 여객을 통한 병원균 유입이 지목되기도 했습니다. 그렇지만 동물 보호 단체는 '공장식 축산'으로 인한 돼지의 질병 취약성이 ASF 피해를 확대시킨 근본 원인이라고 지적했습니다. ASF의 경우 폐사율이 100%에 가까울 정도로 높았고, 백신이 개발되지 않아 치료 방법이 없었습니다. 이에 따라 정부는 '예방적 살처분'이라는 명목으로 인근 축사에서 사육되는 돼지를 모두 살처분했습니다.

2015년에 개봉한 다큐멘터리 영화 〈잡식 가족의 딜레마〉 속 돼

지들은 빛 한 줄기 없는 축
사 안, 몸을 움직이기도 힘
든 스툴에 갇혀 살아갑니다.
생산 비용을 낮추고 가격 경
쟁력을 높이기 위한 어쩔 수
없는 선택이라고 하지만, 돼
지를 상품이 아닌 생명으로
바라본다면 누구나 안타까
움을 느끼게 됩니다. 그렇다
고 모든 돼지를 동물 복지가
보장된 환경에서 키우는 것
은 현실적으로 정말 어렵습
니다.

공장식 축산의 문제를 정면으로 파헤친 영화
〈잡식 가족의 딜레마〉

그렇다면 앞으로 공장식
축산은 어떠한 방향으로 나아가야 할까요? 공장식 축산을 금지한
다면 육류 가격이 필연적으로 상승할 수밖에 없습니다. 그러나 이
제는 단기적 관점이 아니라 장기적 관점으로 접근하는 것이 필요합
니다. 현재의 공장식 축산에서는 구제역이나 ASF, 콜레라 등의 질
병이 유행할 경우 막대한 손실이 발생할 수밖에 없습니다. 그러나
축산 환경을 동물 복지 지향적으로 조금씩 개선해나간다면, 건강한
가축 사육을 통해 가축의 면역력을 높임으로써 질병 예방에 기여할
수 있을 것입니다. 또한 현재의 공장식 축산은 가격과 효율성 측면

에서 큰 장점을 지니지만, 식품의 안정성과 생태 환경에는 부정적 영향을 끼칠 수 있습니다. 따라서 공장식 축산에 대한 소비자와 국가 전체의 인식 개선을 바탕으로, 정해진 목표를 향해 점진적으로 개선해나가는 것이 필요합니다.

'세계의 지붕' 위에
소가
산다고?
야크

송아지 송아지 얼룩송아지

윷놀이는 우리나라를 대표하는 친숙한 민속놀이입니다. 윷놀이에서 사용하는 도·개·걸·윷·모는 우리 생활과 친숙한 동물에서 유래한 것입니다. 각각 돼지·개·양·소·말로 알려져 있습니다. 그중에서 소는 우리에게 더욱 특별합니다. 도놀이나 개놀이가 아닌 윷놀이라고 부르는 것도, 윷이 나오면 한 번 더 던질 기회를 주는 것도 아마 우리 삶에서 여느 동물보다 소가 특히 더 밀접한 관련이 있기 때문일 것입니다.

지역에 따라 소는 다양합니다. 아시아의 열대 몬순(계절풍)이 우세한 지역에는 물소가 있고, 북아메리카와 유럽에는 들소가 있습니다. 이들은 우리가 흔히 보는 가축소와 체격, 색깔은 물론 성향도 아주 다릅니다. 약 7,000년 전 서남아시아에서 야생소를 가축화한 것이 오늘날 우리에게 익숙한 가축소입니다. 전통 사회에서 가축소

아시아의 일소(아시아물소, 위) 젖소(아래)

는 특별합니다. 무엇보다 큰 덩치에서 나오는 막대한 힘으로 인간의 노동에 큰 도움을 주었습니다. 무거운 쟁기를 끌고 땅을 갈아엎어 농사에 도움을 주었고, 달구지를 끌어 물자를 운송해주었습니다. 다른 동물에 비해 온순한 편이어서 인간이 길들여 필요한 일을 시키기에 좋았습니다. 산업화 이후 내연기관이 소의 역할을 대체하기 전까지, 소는 농가에서 매우 중요한 자산으로 꼽혔습니다.

돼지나 닭과 마찬가지로 소 또한 인간에게 맛있는 고기를 제공합니다. 우리나라에서는 돼지고기나 닭고기에 비해 소고기의 단가가 훨씬 비싸 고급 식재료 중 하나로 인식되고 있습니다. 동물은 인간의 필요에 따라 원하는 형질을 가진 새끼를 번식시키는 방식으로 품종이 개량됩니다. 산업적 수요가 있는 소는 각 분야에 맞게 품종이 개량되어 전문화되었습니다. 일을 시키기 위해 기르는 일소(역우役牛), 고기를 먹기 위해 기르는 고기소(육우肉牛), 우유를 얻기 위해 기르는 젖소(유우乳牛) 등이 대표적이며, 때로는 두 가지 이상의 목적을 충족하는 겸용 소도 있습니다.[1]

심지어 소는 고기만 제공하는 것이 아니라 가죽도 제공합니다. 소가죽은 옷, 가방 등을 만드는 재료로 널리 활용됩니다. 우리나라에서는 전통적으로 벼농사를 위한 귀중한 노동력으로서 소를 많이 길러왔습니다. 이 때문에 조선 후기에 일본으로 가장 많이 수출된 상품이 소가죽이었습니다. 유럽인들은 아메리카 대륙에 가축소를 데려왔고, 팜파스 등의 초원에서 대규모로 방목했습니다. 남아메리카에서 소를 사냥하거나 관리하던 사람들을 가우초gaucho라고 부릅니다. 냉동선이 개발되지 않은 18세기까지 가우초는 소가죽의 유럽 수출에 크게 기여했습니다. 가우초의 영향으로 아르헨티나는 오래전부터 소고기 요리가 발전했으며, 지금까지도 1인당 50kg에 이르는 소고기 연소비량을 자랑합니다.[2]

노동력, 우유, 고기, 가죽 등 소가 인간에게 주는 선물은 이루 말할 수 없이 많습니다. 소는 살아서도 죽어서도 인간에게 많은 도움을 주는, 사실상 인류 문명과 떼려야 뗄 수 없는 관계라고 할 수 있습니다.

'세계의 지붕' 히말라야, 히말라야의 주인 야크

아시아는 지구상 대륙 중 가장 넓고, 가장 많은 인간이 거주합니다. 중국과 인도 사이에는 인도-오스트레일리아판과 유라시아판이 충돌하면서 형성된 고산 지역이 드넓게 펼쳐져 있습니다. 이곳은 중생대 후반~신생대에 두 대륙판이 충돌해 발달한 신기 습곡 산지로, 현재도 해발 고도가 조금씩 높아지고 있습니다. 이곳의 히말라야산맥에는 세계에서 가장 높은 에베레스트산, 세계에서 두 번째로 높은 K2봉을 비롯해 해발 고도 약 8,000m가 넘는 봉우리가 발달해 있습니다. 히말라야산맥은 '무소의 뿔처럼 혼자' 덩그러니 있지 않습니다. 어깨동무하며 함께 달려가는 친구들처럼, 인근에 산맥과

고원이 함께 있습니다. 현재도 인도 아대륙이 아시아로 밀어붙이고 있는 히말라야산맥 너머에는 평균 해발 고도 4,000m 이상의 티베트고원이 펼쳐져 있고, 히말라야산맥의 산줄기는 텐산산맥, 쿤룬산맥, 카라코람산맥, 힌두쿠시산맥, 파미르고원 등과 연결되어 있습니다.

아시아 대륙 내부에 펼쳐진 이러한 고산 지역을 비유적으로 '세계의 지붕'이라고 부릅니다. 등산가들에게는 모험과 탐험의 대상이 되기도 하지만, 사실 인간이 살아가기에는 혹독하기 그지없습니다. 해발 고도가 100m 높아질수록 기온이 약 0.6℃ 낮아지는 것을 '환경 기온 감률'이라고 합니다. 해발 고도가 높은 만큼 기온이 매우 낮고, 기온의 일교차가 워낙 크다 보니 추위를 견디기가 매우 힘듭니다. 게다가 강수량이 충분하지 않아 어지간한 농작물은 재배하기 어렵습니다.

하지만 인간은 이러한 고산 지역의 혹독한 자연환경에서도 살아가고 있습니다. 바로 야크yak 덕분입니다. 고산 지역에 서식하는 야생 소 야크는 이런 혹독한 자연환경에 잘 적응해서 살아가고 있습니다. 해발 고도가 워낙 높다 보니 공기 밀도가 낮아 익숙하지 않은 사람들은 고산병을 호소하지만, 야크는 고산 지역에서 편안하게 살아갑니다. 폐가 다른 소보다 세 배 정도 커서 공기 밀도가 낮아도 숨 쉬는 데 무리가 없기 때문입니다. 오히려 산에서 내려와 해발 고도가 낮아지면 장기가 손상되어 죽는 경우가 발생할 정도로, 고산 지역에 성공적으로 적응해 진화한 동물입니다.[3] 또한 야크가 여느 소

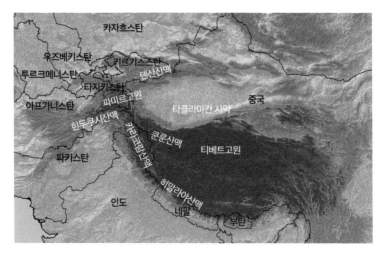

아시아의 산맥

야생 야크의 분포 지역

당당한 모습으로 서 있는 히말라야산맥 안나푸르나산의 야크 ©travelwayoflife

들과 특별히 다른 점은 바로 털입니다. 고산 지역은 날씨가 워낙 종
잡을 수 없이 급변하고, 심하면 -40℃까지 떨어지기도 하는데, 야
크는 몸 전체가 긴 털로 뒤덮여 혹독한 환경에서도 체온을 유지할
수 있도록 진화했습니다.

야크는 히말라야산맥과 티베트고원을 중심으로 한 고산 지역 사람들에게 가축화되면서 여러 혜택을 제공해왔습니다. 야크는 척박한 고산 지역 환경에서 밀, 보리 등의 농사를 위해 쟁기로 땅을 갈 때 노동력을 제공해줍니다.[4] 그리고 고기 및 유제품을 제공함으로써 영양 보충을 돕습니다. 고산 지역 농경지에서 나오는 농산물만으로는 충분한 영양 보충이 어렵기 때문입니다. 또한 야크의 털가죽은 보온에 필요한 옷감을 만드는 고급 재료가 되고, 도로 사정이 여의치 않은 고산 지역에서 운송 수단으로도 가치가 매우 높습니다. 고산 지역은 인구 밀도가 낮아 교통 수요가 적고, 지형이 험준해 도로 교통의 발달이 매우 저조한데, 야크는 덩치도 크고 힘도 세며 험준한 지형에서도 잘 걷기 때문에, 무거운 짐을 지고 고산 지역을 오가는 운송 수단으로 큰 역할을 합니다. 우리나라의 대표적인 아웃도어 브랜드 '블랙 야크'의 이름에는 고산 지역에서 사람들과 함께 살아가는 야크의 믿음직한 모습에 주목해, 소비자에게도 그만큼 믿을 수 있는 제품을 제공하고 싶다는 바람이 담겨 있습니다.

인간은 야크의 모든 것을 활용하고 있습니다. 야크의 피는 근육 및 뼈 질환을 치료하는 의약품으로 활용하고,[5] 심지어 야크의 똥도 말려서 연료로 사용합니다. 이 고산 지역에서 인간은 야크 없이 살아갈 수 없습니다. 마찬가지로, 길들여진 야크 역시 인간 없이는 살기 어렵습니다. 야크도 인간에게서 필요한 것이 있기 때문입니다. 바로 소금입니다. 이 지역은 바다로부터 멀리 떨어진 내륙이어서 염분 섭취가 쉽지 않습니다. 인간은 다른 지역에서 구한 소금을 야

척박한 고산 지역 농경지에서 쟁기를 끌고 있는 야크

크에게 제공해 경계를 풀게 한 뒤 가축화했습니다. 계절이 바뀔 때
마다 풀을 찾아 오르락내리락하며 끊임없이 이동해온 야크 떼가 인
간과 함께 수천 년간 살아올 수 있었던 이유입니다.

티베트는 야크를 좋아해

히말라야산맥과 인접한 인도 북동부에서 불교가 발생하긴 했지만, 인도의 많은 주민은 힌두교를 믿습니다. 힌두교는 브라만교의 영향을 받아 윤회사상을 중시하며, 현생에서 쌓은 카르마karma(업業)에 따라 다음 생이 결정된다고 여깁니다. 그중에서도 흰색 암소는 힌두교의 대표적인 신 비슈누와 연결되어 특별히 신성한 의미를 지닙니다. 힌두교에서는 애초에 소고기를 먹는 문화 자체가 널리 퍼질 수 없었고, 교리가 엄격하기로 유명한 자이나교 등에서는 벌레를 밟아 죽이는 일조차 기피합니다. 인도에서 일찍부터 채식주의가 발달할 수 있었던 종교적 배경입니다.

이러한 문화는 인도의 기후와도 관련이 있습니다. 몬순 아시아에 해당하는 인도는 고온다습한 여름 계절풍으로 인한 무덥고 습한 기후 환경의 영향을 받아, 하천 유역에서 벼농사가 활발하게 이루어집니다. 농업이 발달해 다양한 먹을거리를 생산할 수 있기 때문에, 조금만 노력을 기울이면 채식주의 식습관으로도 충분히 생존할 수 있습니다.

불교는 고타마 싯다르타(석가모니, 기원전 560?~480?)의 깨달음에 의해 고대 브라만교에 대한 개혁 운동으로 시작된 종교입니다. 이후 동남 및 동북아시아 일대로 전파되었고, 우리나라에도 삼국 시대에 들어와 오랜 기간 큰 영향을 끼쳐왔습니다. 몽골과 티베트 일대에서 믿는 불교는 티베트 불교(라마교)라고 부릅니다. 티베트어로

티베트에서 가장 중요한 동물 야크

티베트 라싸의 한 정육점에서 야크고기를 파는 모습

'라마'는 바다와 같이 넓고 큰 지혜를 가진 스승이라는 뜻이어서, 달라이 라마는 부처님이 다시 태어난 것과 같은 권위를 지닙니다. 현달라이 라마이자 14대 달라이 라마인 텐진 갸초Tenzin Gyatso(1935~)는 중국으로부터의 티베트 분리 독립운동을 이끌면서 인도에 망명한 상황입니다.

우리나라를 비롯한 대부분의 나라 불교 승려들은 채식 중심의 식습관을 유지하는 경우가 많아, 육식을 하면 계율을 지키지 않는다고 비판받기도 합니다. 이러한 관념에 익숙해진 사람들은 달라이 라마의 식단을 보고 놀랍니다. 승려이지만 철저하게 육식 중심의 식습관을 가지고 있기 때문입니다. 농작물이 희소하고 야크고기와 젖을 먹는 식사가 일반적인 티베트에서는 당연한 일입니다. 달라이 라마를 비롯한 티베트 불교 승려들도 육식이 자연스럽습니다. 바다가 멀어 생선을 먹는 것이 오히려 어색합니다. 달라이 라마가 뷔페에서 집게로 고기를 들어 올리는 모습이나 몽골의 사찰에 고기를 볶는 솥이 걸려 있는 모습이 다른 지역 사람들에게는 생소하지만, 현지인들에게는 오랜 기간 자연환경에 적응하며 살아온 삶의 일부인 셈입니다.

그래서 티베트 불교에서는 야크에 의존하는 만큼 자연으로 돌려보내자는 의미에서 방생 의식인 체타르tsethar를 권장합니다. 이는 일방적으로 야크를 이용하는 데 그치지 말고, 다시 자연으로 돌려보내 야생의 개체 수를 유지하고 공존의 가치를 실현하는 방법입니다. 하지만 체타르를 실천할 정도로 여유 있는 사람이 그리 많지 않습니다.

중국 정부의 정책으로 인해 티베트 유목민의 삶에도 큰 변화가 생겼습니다. 정부의 지원[6]에 힘입어 야크의 산업화가 진행되면서 대규모 도축장이나 야크유 생산 설비가 갖춰졌고, 버터와 치즈 등의 유제품도 상품화되어 유통량이 늘어나고 있습니다. 중국, 파키스탄, 아프가니스탄 등의 국경 경비가 강화되면서 야크로 운송하던 고갯길이 모두 막혔고, 초원을 따라 이동하던 유목민들도 점차 특정한 곳에 정착하거나 도시로 이주하면서 오랜 기간 불교와 야크가 공존해왔던 티베트 특유의 문화도 변화하고 있습니다.[7]

중국 공산당으로부터 티베트의 분리 독립을 이끄는 티베트 불교는 야크에 대한 고통과 연민을 강조하며 도살장 설립에 반대하고, 도시에 정착한 티베트인들에게는 채식을 권유하기도 했습니다. 중국 정부는 티베트의 민족의식이 고취되어 분리 독립운동으로 확산하는 것을 우려하며 체타르를 불편한 시선으로 바라보고 있습니다.[8]

소를 먹는 문제의 복잡성

소는 인류 문명과 오랜 기간 함께해왔습니다. 소는 풀만 먹어도 잘 자라는 초식 동물입니다. 소의 먹이와 인간이 먹을 식량은 크게 겹치지 않습니다. 소는 위가 여러 개 있어 되새김질을 하며 영양분을 흡수하는데, 소의 트림과 방귀에서는 막대한 메탄이 방출됩니다. 우리가 대표적인 온실 기체로 이산화탄소를 꼽지만, 지구 온난화 지수Global Warming Potential, GWP에 따라 메탄을 같은 양의 이산화탄소와 비교하면 온실 효과가 21배나 큽니다. 전 세계에 15억 마리가 넘는 소가 사육되고 있다는 점을 감안하면, 매년 1억 톤 이상의 메탄이 방출되는 셈입니다.

게다가 공장식 축산이 확산되면서 이제는 드넓은 초원에서 풀을 뜯고 살아가는 소의 모습을 보기가 쉽지 않습니다. 대부분의 소는 급격하게 살찌우는 비육 과정을 위해 인간이 만든 폐쇄된 공간에서 옥수수 등의 사료 작물을 먹다가 도축됩니다. 구매력 있는 특정한 사람들에게 막대한 양의 소고기를 공급하기 위해 공장식 축산 시스템이 만들어진 셈입니다.

그런 측면에서 볼 때, 고기를 거부하는 채식주의는 지구 생태계에 큰 도움이 될지도 모릅니다. 전 세계 인구는 80억 명을 넘어섰습니다. 이미 모든 인간이 섭취하고도 남을 식량이 생산되고 있음에도 불구하고, 기아에 허덕이는 인구는 여전히 수억 명에 이릅니다. 분배의 불평등 때문입니다. 이러한 상황에서 소가 먹을 사료 작물을 재배하기 위해 농기계와 운송수단, 화학 비료 등을 사용하며 막대한 양의 화석 연료가 소비되고 있습니다. 그렇기 때문에 현재의 식량 생산 구조는 지속 가능하기 어렵고, 소고기의 소비를 줄여야 근본적으로 달라질 수 있다는 주장도 나름대로 근거가 있습니다.

하지만 이러한 주장이 티베트 주민들과 야크의 관계에도 적용

될지는 고민이 필요합니다. 중국 정부는 티베트의 야크가 가진 경제적 가치에 주목하며, 산업 동물로 활용할 방법을 모색하고 있습니다. 아마도 앞으로 사육되는 야크의 숫자가 더 늘어날 테지만, 산비탈을 오르내리며 가족 단위로 유목하던 전통적인 방식은 아닐 것입니다.

앞으로는 야크에 대한 티베트 불교의 전통적인 교리가 다소 변화할지도 모릅니다. 유목 사회였던 티베트에서는 야크가 그만큼 중요하고 특별한 의미가 있었지만, 이제 티베트의 도시화와 그에 따른 사회 변화 등을 종합적으로 고려해야 하기 때문입니다.

야크는 티베트인과 오랜 기간 함께해왔습니다. 티베트인과 산지를 오르내리며 동고동락하던 방목과 야생이 섞인 과거의 전통에서, 야생과 도시의 인간을 위한 공장식 축산이 엄격하게 구분된 미래의 산업으로 변해가는 중입니다. 현대의 인간이 구분하는 산업 동물과 야생 동물의 경계, 야크는 지금 그 어딘가에 서 있습니다.

멸종위기에 처한 동물들,

다음

차례를

4

울다

앞으로도 널 바다에서 볼 수 있을까? **산호**

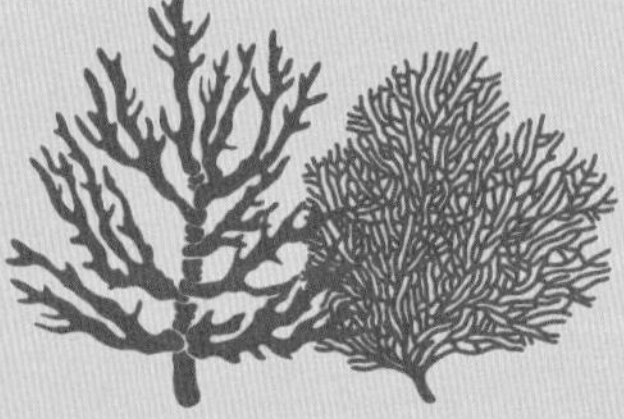

꽃처럼 화사한 색의 주인공,
너의 정체는 뭐니?

미국의 색채 전문 기업 팬톤Pantone은 매년 '올해의 색'을 선정하여 발표합니다. 팬톤은 2019년의 색으로 '리빙 코럴Living Coral'을 선정한 바 있습니다. 꽃처럼 화사하고 기분 좋으며 따뜻함이 느껴지는 이 색은 바닷속 산호coral의 색에서 영감을 받아 탄생했습니다. 그런데 왜 굳이 '살아 있는Living'이라는 수식어를 붙였을까요? 산호가 바닷속에 있다는 사실은 잘 알려져 있지만, 그 정체에 대해서는 잘 모르는 사람이 많습니다. 아마도 산호 자체가 '살아 있는 동물'이라는 점이 대중적으로 덜 알려진 것을 안타까워하며, 이를 알리고자 한 것 아닐까 추측해봅니다.

한자리에 고착해서 살아가는 모습을 보면 얼핏 식물 같지만, 산호란 녀석의 정체는 동물입니다. 플랑크톤, 갑각류, 새우 등을 먹이

2019년 팬톤이 선정한 올해의 색 '리빙 코럴'

로 삼고, 입과 위장도 있으며, 알도 낳습니다. 산호는 자포동물로 분류되는데, 자포刺胞, cnidae란 먹이를 잡을 때 사용하는 촉수와 같이 찌르는 세포를 말합니다. 따라서 먹이가 촉수에 닿으면 독침을 발사해 마비시키는 방식으로, 한자리에 머무르면서 먹이 활동을 합니다.

우리는 산호를 단일한 대상으로 부르지만, 산호의 생태를 자세히 들여다보면 산호충 혹은 폴립polyp이라고 부르는 아주 작은 동물들이 모여 하나의 존재처럼 살아가는 군체群體임을 알 수 있습니다. 인간이 모여 살며 유기적으로 사회를 구성하듯이, 폴립도 산호라는 하나의 집합체를 이룹니다. 그리고 산호는 미세조류microalgae의 하나인 황록공생조류zooxanthellae(이하 공생조류)와 공생 관계를 이루고 있습니다. 얼핏 공생조류가 산호에게 '셋방살이'를 하는 것처럼 보이기도 하지만, 서로 이익을 취하는 상호 보완적인 관계입니다.

공생조류는 산호 폴립의 보호를 받으며 안전하게 지내고, 그 대

산호와 공생 관계를 이루고 있는 황록공생조류 ⓒTodd C. LaJeunesse

햇빛이 잘 들어오는 얕은 바다에서 서식하는 산호

가로 광합성 활동을 통해 얻은 당분, 녹말, 기타 유기물을 산호에게 제공합니다.[1] 산호는 자포를 통해 먹이 활동을 하지만, 그것만으로는 영양소 공급이 충분하지 않아 필요한 영양소의 90% 정도를 공생조류를 통해 얻습니다. 따라서 공생조류는 산호에게 필수적인 존재입니다.[2]

산호는 주로 공생조류가 광합성을 하기에 유리한 조건을 지닌 곳에 분포합니다. 수온이 23~29℃인 남·북위 30도 이내의 열대·아열대 바다에서 잘 자랍니다.[3] 수심이 얕아 햇빛이 잘 들어오는 바다는 공생조류가 광합성을 하며 영양소를 생성하기에 좋은 장소입니다. 산호에게 중요한 또 다른 조건은 바닷속에 영양소가 적어야 한다는 것입니다. 다소 역설적인 듯하지만, 공생조류와 햇빛을 두고 경쟁하는 다른 조류들이 번성하지 않게 하기 위해서입니다.[4] 산호는 영양소가 부족한 바닷속에서 공생조류와 함께 조화를 이루며 새로운 생태계를 만들어갑니다. 그리고 해양 생태계 중에서 가장 생산적이고 다양한 환경을 조성합니다.[5]

한편 6,000여 종에 이르는 산호는 생김새가 저마다 다르고 색깔도 가지각색입니다. 이처럼 아름답고 다양한 색은 공생조류가 광합성을 통해서 만든 색소에 의해 결정됩니다. 특히 피코에리트린phycoerythrin이라는 색소는 낮에 광합성을 하는 과정에서 밝은 형광빛의 주황색을 보이는데,[6] 이것이 바로 산호가 '리빙 코럴'과 같은 화사한 색을 내는 비결입니다.

인간을 넘어선
지구 최강 건축가

산호와 산호초의 차이는 무엇일까요? 언뜻 동의어로 여겨지기도 하고, 산호가 모인 것이 산호초 아니냐고 오해하는 사람도 많습니다. 산호coral와 산호초coral reef는 서로 관련이 있지만, 다른 대상입니다. 앞서 언급한 것처럼 산호는 동물이고, 산호초는 산호가 만든 바닷속 지형입니다.

산호는 외관, 성장 특성 등을 기준으로 크게 경산호hard coral와 연산호soft coral로 구분합니다. 경산호는 뼈대와 같은 탄산칼슘 골격이 있어 단단한 반면, 연산호는 겉면이 부드럽고 유연한 줄기 구조를 지닙니다.[7] 따라서 산호초는 주로 경산호와 관련되어 있습니다.

산호가 산호초를 만들어내는 과정은 살아 있는 유기체가 광물질을 생산하는 과정을 일컫는 '생광물화biomineralization'의 일종입니다. 산호는 공생조류로부터 얻은 에너지를 바탕으로, 바닷물에 있는 중탄산이온HCO_3^-을 받아들인 뒤 복잡한 과정을 거쳐 아라고나이트aragonite라 불리는 탄산칼슘$CaCO_3$ 형태의 단단한 결정체를 침전시킵니다.[8] 산호는 오랜 기간에 걸쳐 매우 천천히 탄산칼슘 골격을 만들고, 이러한 골격이 조금씩 퇴적되어 산호초를 이룹니다. 즉, 산호초는 산호가 만든 광물질이 모여 형성된 지형입니다. 물론 산호 외에 해조류, 해면동물, 연체동물 등의 유해도 부분적으로 산호초 형성에 기여합니다.[9] 하지만 산호초를 만드는 핵심적인 '건축

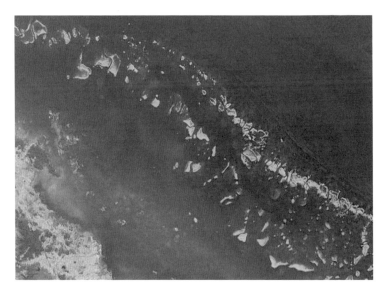

그레이트배리어리프 위성 영상(NASA)

그레이트배리어리프의 산호초 생태계(UNESCO)

가'는 산호입니다.

산호초의 규모는 우리가 상상하는 것 이상으로 거대합니다. 세계에서 가장 큰 산호초 밀집 지역은 오스트레일리아 북동부 연안의 그레이트배리어리프Great Barrier Reef(대보초)입니다. 해안선을 따라 조금씩 거리를 두고 나란히 발달한 산호초를 보초barrier reef라고 합니다. 그레이트배리어리프의 길이는 북서쪽에서 남동쪽 방향으로 약 2,000km 이상 뻗어 있고, 해안과의 거리는 16~160km, 폭은 60km 내외, 면적은 약 35만km²에 달해,[10] 위성 영상에서도 선명하게 보일 정도입니다. 아랍에미리트의 두바이에 있는 인공섬 팜 주메이라의 면적(약 5km²) 및 우리나라 서해안에 위치한 세계 최대 규모의 간척 사업장인 새만금 부지(약 400km²)를 고려하면, 인간이 만든 건축물의 규모가 그저 초라해 보일 뿐입니다.

그레이트배리어리프의 거대한 규모와 다양한 생태계 덕분에, 이곳은 1981년에 유네스코 세계 유산에 등재되었습니다. 등재 과정에서 "세계에서 단 하나의 산호초 지역만 세계 유산 목록으로 선택해야 한다면 그레이트배리어리프가 될 것입니다"라는 극찬을 받았습니다.[11]

국토 대부분이 산호초로 이루어진 나라도 있습니다. 태평양에 위치한 키리바시, 나우루, 투발루, 미크로네시아 연방, 마셜 제도 등이 대표적입니다. 한편, 인도양에 위치한 몰디브는 환상적인 산호초 섬 해변을 볼 수 있어 신혼여행지로 인기가 많습니다. 몰디브에는 무려 1,192개의 산호초 섬이 있는데, 그중 큰 원형의 고리 모양

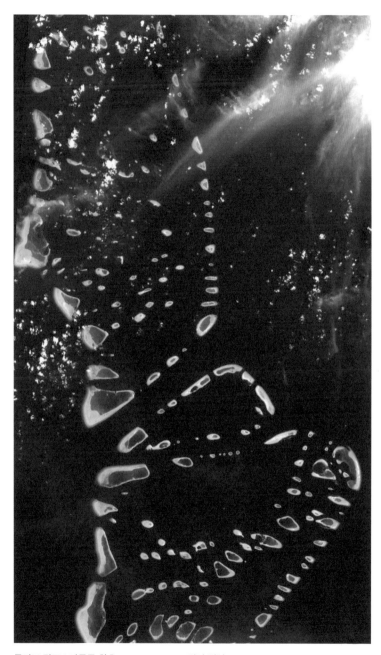

몰디브 말로스마둘루 환초Malosmadulu atoll 위성 영상(NASA)

환초가 26개 있고, 그 안에 작은 고리 모양의 환초가 여러 개 분포합니다.

이처럼 특이한 몰디브의 환초 지형 덕분에, 환초를 일컫는 국제적인 용어 '아톨atoll'은 몰디브의 공용어인 디베히어Dhivehi에서 환초를 일컫는 '아톨루atholhu'라는 말에서 유래했습니다. 한편, 일반적인 환초와 달리 몰디브의 환초는 다른 형성 과정을 거친 것으로 보입니다. 이는 19세기 산호초 섬의 진화 과정에 주목한 찰스 다윈의 가설을 뒤집는 흥미로운 사례입니다.[12]

뜨거운 지구가 '바다의 열대림'을 위협하다

아마존 분지, 보르네오섬 등지에 분포하는 열대림은 대기 중의 이산화탄소를 흡수하고 산소를 배출하는 허파이자 다양한 동식물이 살아가는 생물종 다양성의 보고입니다. 바닷속에서는 산호초 생태계가 그 역할을 톡톡히 합니다. 산호의 공생조류가 광합성을 통해 이산화탄소를 흡수하고 산소를 배출할 뿐만 아니라, 광합성 과정에서 흡수된 탄소 화합물은 산호가 산호초를 만드는 재료가 되어 대기 중의 탄소를 바다에 저장할 수 있게 합니다. 또한 산호초 생태계는 전 세계 바다 표면 면적의 0.1%밖에 되지 않지만 해양 어종의 3분의 1 정도가 서식하는 수많은 해양 생물의 터전입니다. 그레이트배리어리프의 경우 산호 400여 종, 어류 1,500여 종, 연체동물 4,000여 종 등이 서식할 정도로 생물종 다양성이 높습니다.[13] 따라서 두 역할을 톡톡히 해내는 산호초 생태계를 '바다의 열대림'으로 부르기도 합니다. 그러나 바다의 열대림은 두 방향에서 위협받고 있습니다.

산업화와 각종 인간 활동으로 인한 기후변화 때문에 바닷물의 수온이 상승했습니다. 산호에게 수온 상승은 산호 백화 현상coral bleaching과 같은 치명적인 영향을 줍니다. 산호 백화 현상은 산호가 사는 바다의 수온이 평소 최고 수온보다 0.5~1.5℃ 높아지는 날이 몇 주간 지속될 때 나타납니다. 사람은 이 정도 수온 차이를 거의 느끼지 못하지만 산호에게는 치명적입니다. 수온이 높아지면 열 스트레스를 받은 공생조류는 스스로 보호하기 위해 독성물질을 생산하고, 이 때문에 산호 폴립이 공생조류를 밀쳐내, 산호가 고유의 아름다운 색상을 잃고 하얗게 변해버립니다. 물론 백화 현상이 발생한다고 해서 산호가 바로 죽는 것은 아닙니다. 하지만 공생조류가 주는 영양소를 받지 못한 산호는 점점 굶어 죽게 됩니다.

오스트레일리아 북동 해안에 접한 산호해Coral Sea의 수온이 태평양 평균 수온보다 빠르게 변하고 있다는 사실을 증명하듯이, 그레이트배리어리프에서도 2010년대부터 백화 현상이 나타나 문제가 제기되어왔습니다. 지난 7년간 네 차례나 대규모 백화 현상이 나타나, 유네스코는 2022년 11월 그레이트배리어리프를 '위험에 처한 세계 유산 목록'에 등재할 것을 권고하기도 했습니다.

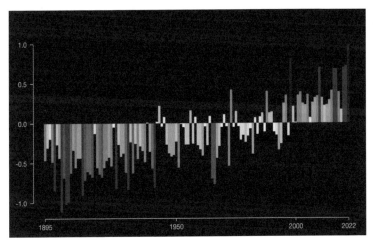

1895~2022년 산호해의 온도 변화(1971~2000년의 평년값과 비교한 값)

백화 현상이 나타난 산호(앞)와 그렇지 않은 산호(뒤)ⓒAcropora

기후변화는 해양 산성화를 통해서도 산호에게 부정적 영향을 끼칩니다. 바다는 대기 중 이산화탄소의 3분의 1 정도를 흡수합니다. 인간의 활동으로 대기 중에 이산화탄소의 양이 많아지면 바다의 이산화탄소 흡수량도 증가합니다. 그러면 바닷물의 수소 이온 농도 지수pH가 떨어져 산성화가 나타납니다. 바닷물이 산성화될수록 산호가 골격을 만드는 데 사용하는 중탄산이온이 적어져 골격이 약해지면 산호가 무너져내릴 수도 있습니다. 그뿐 아니라 산성화된 바닷물은 특히 예민한 산호 유생을 괴롭혀 성장을 방해합니다. 그 결과 성체로 성장하는 산호의 수가 줄어들게 됩니다.[14]

결국 산호의 개체 수 감소만큼이나 대기 중 이산화탄소 농도 증가에 따른 기후변화, 산호를 비롯한 다양한 생물종의 생태 위협은 가속화될 수밖에 없습니다. 최근 위성 영상과 기후변화 모델링으로 분석한 연구 결과에 따르면, 산업화 이전 대비 지구 평균 기온이 1.5℃ 높아질 때 산호가 지속적으로 살아갈 수 있는 해역은 현재의 0.2% 정도밖에 안 될 것으로 전망됩니다.[15] 현재 기후 전문가들은 2030년대가 되면 산업화 이전 대비 1.5℃ 상승할 것으로 보고 있습니다. 빠르면 10년 이내에 산호가 거의 사라진다는 이야기입니다.[16] 산호가 우리와 얼마나 함께할 수 있을지는 인류의 탄소 중립 노력에 달려 있는지도 모릅니다.

인류세에도 산호가
인류와 함께하기를

✦

인류는 지구 환경에 막대한 영향을 끼치며 지구의 지층에도 흔적을 남기고 있습니다. 그에 대한 환기로 몇몇 학자가 제안한 개념이 바로 '인류세人類世, Anthropocene'입니다. 그리스어 '인류anthropos'와 '시대cene'의 합성어인 인류세는 지질학적으로 인류가 지구 환경에 큰 영향을 끼친 시점 이후를 새로운 지질 시대로 설정해야 한다는 제안에서 논의가 시작되었습니다. 지속 가능한 지구 생태계를 만들어가야 한다는 데 공감하는 이들을 중심으로 인류세 개념이 광범위하게 퍼져나갔습니다.

국제지질과학연맹IUGS 산하의 국제층서위원회ICS는 공식적인 지질 시대 명명 권한을 부여받은 기구입니다. 국제층서위원회의 인류세워킹그룹AWG에서는 온실 기체 농도의 급격한 상승, 해양 산성화, 삼림 벌채, 생물종 다양성의 악화 등 '거대한 가속Great Acceleration'으로 불릴 정도로 인간 활동이 지구 시스템에 끼친 영향이 커지기 시작한 1950년을 인류세의 시작 시점으로 결정했습니다.[17]

그렇다면 인류의 흔적이 층층이 쌓여 지질학적으로 인류세를 잘 보여주는 증거는 무엇일까요? 그 증거가 되는 지층이 있는 곳을 표준층서구역GSSP이라고 하는데, 그 후보지로는 그레이트배리어리프에 위치한 '플린더스리프Flinders Reef'를 비롯해 12곳이 있었습니다.[18]

표준층서구역 후보지들은 공통적으로 과거의 환경 또는 기후 조

고틀란드 분지
스네슈카 습지
● 카를 광장
에르네스토
동굴

쓰하이룽완 호수

샌프란시스코 삼각강
시어즈빌 호수

크로퍼드 호수

벳푸만

웨스트플라워가든
산호초

플린더스리프

남극반도

○ 빙하코어
● 산호초
● 스펠레오뎀
○ 이탄습지
● 토양
● 해저퇴적층
● 호수퇴적층

인류세 표준층서구역 후보지

건에 대한 간접적 증거를 제공하는 측정치인 프록시 기후 지표proxy climate indicator를 제공하고, 플린더스리프를 통해서는 특히 1950년 이후 대기 중 이산화탄소 농도 증가 및 해양 산성화에 대한 정보를 읽어낼 수 있습니다. 또한 이곳은 그레이트배리어리프 중에서도 해안에서 상대적으로 멀리 떨어져, 산호초의 퇴적층 모습에 인위적 교란이 없는 편이어서 연대 추정에 용이합니다.[19]

치열한 논쟁 끝에 캐나다의 크로퍼드 호수Crawford Lake가 2023년에 인류세의 표준층서구역으로 선정되었습니다. 2024년 부산에서 열리는 세계지질과학총회에서 인류세가 새로운 지질 시대로 공식화

바닷속 산호 사이를 오가는 열대어

위기에 처한 산호의 모습을 다룬 다큐멘터리 〈산호초를 따라서Chasing Coral〉

되어 공포될지 여부가 남아 있지만, 산호와 산호초를 통한 인류세 논의가 지닌 의미는 생각해볼 여지가 있습니다. 인간과 지구 생태계의 관계를 이해하는 중간 고리에 산호가 있기 때문입니다. 우리 인간은 땅 위에서 살아가지만, 바닷속에 살고 있는 수많은 작은 동물과 해저 지형에까지 우리의 흔적이 새겨졌다는 점을 새삼 느낄 수 있습니다. 인간이 지구의 지배자로서 군림한다는 증거라고 반겨야 할까요, 아니면 인간이 지구 생태계에 끼치는 영향의 심각성을 느끼고 우리의 삶을 되돌아봐야 할까요? 답은 명백합니다.

산호와 산호초를 다루는 다큐멘터리 〈산호초를 따라서Chasing Coral〉*는 숨 막힐 정도로 아름다운 바닷속 생명체의 신비로운 모습을 보여줍니다. 아울러 공생조류가 사라져 죽음을 맞이한 하얀 산호 사체 더미도 볼 수 있습니다. 이 다큐멘터리는 산호가 죽어가는 현실을 생생하게 보여주며, 해양 생태계 보호가 왜 필요한지 묻고 경각심을 갖게 합니다.

우리가 일상 속에서 실천하는 기후변화 해결을 위한 작은 노력이 저 멀리 열대 바다의 산호와 우리 인류가 지구에서 오랫동안 함께할 수 있는 원동력이 될 것입니다. 다큐멘터리를 보며 산호와 지구 생태계에 좀 더 관심을 갖고 생태시민으로서 한 걸음 나아가는 건 어떨까요?

---

*   원제목이 'Chasing Coral'이기에 '산호초를 따라서'가 아니라 '산호를 따라서'가 되어야 한다.

인어공주를 찾으려면
어느 바다로
가야 할까?
바다소

'진짜 에리얼'을 둘러싼 논쟁

✦

월트 디즈니 애니메이션 스튜디오에서 제작한 〈인어공주〉는 오랜 기간 전 세계 어린이들에게서 큰 인기를 끌어왔습니다. 그런데 2023년 개봉한 실사 영화 〈인어공주〉의 주인공 에리얼 역 캐스팅을 두고 개봉 전부터 세계적으로 논란이 벌어졌습니다. 아프리카계 배우 핼리 베일리Halle Bailey가 에리얼 역에 캐스팅되었기 때문입니다.

원작 속 유럽계 백인 외모의 에리얼에 익숙한 사람들은 유색인 인어공주의 등장에 어색함을 느꼈습니다. 사회 관계망 서비스SNS와 인터넷 게시판에는 '#나의 에리얼은 이렇지 않아#Not My Ariel'라고 해시태그를 달며 캐스팅에 불만을 표하는 여론이 많았습니다. 유튜브에 업로드된 실사 영화의 티저 영상에는 인종 차별적인 댓글과 150만 개 이상의 '싫어요'가 쏟아졌습니다.

디즈니의 해명은 '불난 집에 부채질하기'가 따로 없었습니다. 디즈니 산하 채널인 프리폼 Freeform은 "에리얼이라는 캐릭터는 가상의 인물인데, 할리 베일리의 외모가 원작과 닮지 않았다는 이유만으로 문제 삼고 있다"며 캐스팅 논란에 대한 입장을 밝혔습니다. 또한 "〈인어공주〉의 원작자는 덴마크인이고, 덴마크인이 흑인일 수도 있기 때문에, 덴마크 인어들도 흑인일 수 있다. 에리얼은 언제나 지상으로 올라와 구릿빛 피부를 더 진하게 할 수도

애니메이션에 이어 실사 영화로 제작된 〈인어공주〉 포스터

있다"고 말했습니다. 애니메이션과 같은 모습의 인어공주를 원하는 일부 팬의 반발에 제작자가 그들을 인종주의적이라며 무안을 준 격이었습니다.

디즈니의 이번 캐스팅은 인종주의, 제국주의 등 유럽계 백인 중심의 기존 세계 질서에 비판적인 입장을 보인 것입니다. 그 배경에는 이를 바로잡으려는 '정치적 올바름political correctness'이 있습니다.

실사 영화 캐스팅 논란에서 찬반 의견이 양극화되어 갈등의 골이 깊어졌고, 상업 영화의 최우선 덕목인 흥행 측면에서도 큰 재미

를 보지 못했습니다. 디즈니 측에서 '캐스팅 찬성 = 정치적 올바름', '캐스팅 반대 = 인종주의자' 프레임을 만들어, 갈등에 불을 지핀 점이 아쉽습니다. 사실 실사 영화에서 에리얼만 유색 인종으로 캐스팅했을 뿐, 인어공주의 서사는 여전히 유럽계 백인 중심이기 때문입니다.[1] 그렇다면 우리가 알고 있는 디즈니 인어공주 말고도 다른 인어공주가 있다는 것일까요?

인어를 뜻하는 영어 단어 'mermaid'는 'mere'(고대 영어로 '바다')와 'maid'('소녀' 또는 '젊은 여성')의 합성어입니다. 반은 사람이고 반은 물고기의 모습인 인어가 물에 산다는 인어 전설은 인류가 문자를 사용하기 시작할 때부터 이야기로 남겨졌습니다. 최초의 인어 기록은 기원전 1000년경 메소포타미아에서 발견됩니다. 가장 유명한 인어 전설을 꼽자면 단연 《그리스 로마 신화》에 등장하는 세이렌siren입니다. 물가에서 달콤한 노래를 부르며 수많은 뱃사람을 유혹해 물에 빠져 죽게 했다는 세이렌 이야기는 우리도 많이 들어본 이야기입니다. 세계적인 커피 전문점 스타벅스의 로고도 세이렌을 모티프로 한 것입니다.

이 외에도 유럽에는 다양한 인어 전설이 있습니다. 아일랜드의 메로우, 스코틀랜드의 셀키, 러시아의 루살카 등도 각 지역에서 전해져 내려오는 전설 속 인어입니다. 유럽뿐만 아니라 아프리카의 마미 와타, 남아메리카의 시리누, 인도의 마츠야, 일본의 닌교 등 전 세계 각지에 인어 전설이 매우 많습니다.

1230~1240년 영국에서 제작된 그림. 세이렌이 노래로 선원들을 매혹시키고 있으며, 한 선원은 그녀의 노래를 듣지 않으려고 손가락으로 귀를 막고 있다

인도의 인어 마츠야. 대홍수로부터 세상을 구한 물의 신이다.

세계 곳곳의 전설마다 인어의 모습과 역할이 다양합니다. 우리가 알고 있는 디즈니 애니메이션의 수동적인 모습과 달리, 어떤 인어는 '물의 신'으로서 풍요와 부의 상징이 되어 숭배의 대상이 되기도 합니다. 디즈니의 인어공주 실사 영화에서, 차라리 유럽 외 다양한 인어 전설 중 새로운 서사를 채택해서 시도했으면 어땠을까 하는 아쉬움이 들기도 합니다. 다양한 전설을 바탕으로 기존의 디즈니 인어공주 스토리를 재구성했다면, 대중에게 신선하면서도 긍정적으로 다가오지 않았을까요?

열대 바다의 인어, 바다소

이쯤에서 궁금증이 생깁니다. 그렇다면 인어 전설이 왜 그렇게 많은 걸까요? 인어라고 착각할 만한 무언가가 전 세계적으로 비슷하게 나타났을 가능성을 생각해볼 수 있습니다. 바다에는 얼핏 보면 인간과 비슷한 덩치를 가진 수상 포유류인 물개, 바다표범, 돌고래, 바다소 등이 있습니다. 이런 동물이 인어 전설의 모티프가 되었다는 추론이 좀 더 타당해 보입니다.

크리스토퍼 콜럼버스Christopher Columbus(1450~1506)의 항해 일지에도 인어를 만났다는 기록이 있습니다. 콜럼버스는 유럽을 떠나 1493년에 현재의 카리브해 일대를 항해하던 중 "리오 델 오로(아이티)로 갔을 때 바다 위로 드러난 세 인어를 아주 뚜렷이 보았지만,

그것들은 그렇게 아름답지 않았고 어떻게 보면 남자 같은 얼굴을 하고 있다"라고 기록했습니다. 선원들을 매혹시킬 만큼 아름다울 거라고 기대했던 인어가 막상 그렇게 아름답지 않았다는 점에 크게 실망한 눈치입니다. 콜럼버스가 카리브해에서 본 인어는 무엇이었을까요? 아마도 바다소海牛, sea cow일 가능성이 큽니다. 바다소의 학명은 인어 전설의 세이렌에서 유래한 사이레니아sirenia입니다. 학명만 보아도 사람들이 바다소를 인어와 연관 지어 생각했다는 것을 알 수 있습니다.

전설 속 무서운 세이렌과 달리, 바다소는 성격이 매우 온순합니다. 소와 유사하기 때문에 바다소라는 이름이 붙었습니다.[2] 큰 덩치로 얕은 바다를 유유히 헤엄치며 해초를 먹는 모습이 마치 바다에 사는 소와 같습니다. 하루 일과 대부분을 물속에서 보내는 하마는 육지로 기어 나올 수 있지만, 바다소는 해양 포유류라서 물 밖으로 나올 수 없습니다. 다만 고래처럼 수면으로 올라와서 숨을 쉬기 때문에 물 위와 아래를 계속해서 오르내립니다. 사람들이 바다소를 오랜 기간 인어로 착각한 것은 손가락뼈 형태를 갖춘 앞발, 머리를 돌릴 수 있는 목뼈,[3] 특히 숨을 쉬기 위해 수면 위로 올라와 상체를 내밀며 꼬리를 내비치는 모습과 어린 새끼가 어미 젖을 먹는 모습 등 동물적 특징의 유사성에서 기인했는지도 모릅니다.

바다소의 종류에는 매너티manatee와 듀공dugong이 있습니다. 두 바다소 모두 남·북위 30도 이내 열대 및 아열대의 얕은 바다에 서식합니다. 스노클링을 하면서 알록달록한 열대어와 산호를 볼 수

얕은 바다에서 헤엄치고 있는 매너티(미국 텍사스)

홍해의 얕은 바다에서 헤엄치고 있는 듀공(이집트)

있는 그 바다가 매너티와 듀공의 서식지입니다. 매너티와 듀공을 구분하는 방법은 여러 가지가 있는데, 가장 쉬운 방법은 꼬리를 살펴보는 것입니다. 매너티의 꼬리는 주걱 모양으로 둥글고, 듀공의 꼬리는 고래처럼 두 갈래로 갈라져 있습니다. 두 바다소는 서식지의 지리적 위치도 조금 다릅니다. 매너티는 아메리카 대륙 동부 연안과 아프리카 서부 연안 등 대서양에 걸쳐 분포하고, 듀공은 아프리카 동부 연안과 서남아시아, 동남아시아, 오세아니아 북부 연안에 걸쳐 서식합니다. 이를 감안하면 콜럼버스를 비롯한 유럽인들이 인어로 오인한 것은 바다소 중에서도 매너티일 가능성이 높습니다.

서로 너무나 아꼈던
인어를 기억하며

✦

사실 바다소에는 현생現生하는 매너티와 듀공 외에 한 종류가 더 있었습니다. 바로 스텔러바다소steller's sea cow입니다. 자연사학자 게오르크 슈텔러가 18세기 말에 발견했으나, 발견된 지 27년 만에 완전히 멸종해 지금은 지구상 어디에서도 볼 수 없습니다. 1741년 6월, 비투스 베링이 이끄는 대북방탐험에 함께한 슈텔러는 폭풍우를 만나 그해 11월 베링섬에 좌초되었습니다. 당시 베링섬은 무인도였는데, 알려진 정보가 거의 없었습니다. 슈텔러는 이 섬에서 탈출하기까지 9개월 동안 섬의 야생 동물에 대해 연구했습니다.[4] 슈텔러가 베링섬의 바

1742년 7월 12일 베링섬에서 슈텔러가 스텔러바다소를 측정하는 모습(Steller's Journal of the Sea Voyage from Kamchatka to America)

다소를 관찰하고 남긴 기록은 이 동물에 대한 최초의 기록이 되었고, 후에 발견자의 이름을 따라 '스텔러바다소'라고 명명되었습니다.

　일반적으로 기후가 추운 지역으로 갈수록 동물의 몸집이 더 커진다는 베르그만의 법칙Bergmann's Rule이 있습니다. 스텔러바다소는 최대 길이 9m에 무게는 10톤에 이를 만큼 거대하고, 지방층이 두꺼운 것이 특징이었습니다. 슈텔러는 이 지방을 최고급 네덜란드 버터에 비유하며, 익히면 아몬드 오일 맛이 난다고 기록했습니다. 이후

이 동물을 노린 인간들의 사냥이 시작되었습니다. 해달 사냥터로 향하는 정박지가 되어버린 베링섬에서 스텔러바다소는 엄청난 양의 식량을 제공해주었습니다. 게다가 의류 제작 등에 이용할 가죽, 어둠을 밝혀줄 등불의 기름 등을 제공한 자원의 보고였습니다.

동료애가 강한 스텔러바다소의 특성은 역설적으로 사냥이 '쉽게' 이루어지도록 도왔습니다. 한 마리가 잡히면 나머지가 구하려고 달려들어, 사람들은 한꺼번에 많은 양을 잡을 수 있었습니다. 1751년에 슈텔러가 남긴 기록이 이를 증명합니다.

암컷을 잡으면 수컷은 잡힌 짝을 구하려 안간힘을 쓰고, 아무리 위협을 가해도 결국 해안까지 따라왔다. 다음 날 아침에 우리가 고기를 잘라서 가져가기 위해 해안가에 도착했을 때도 수컷은 여전히 암컷 곁을 떠나지 않고 있었다.

비록 스텔러바다소는 멸종했지만, 다른 바다소는 아직 열대 및 아열대의 얕은 바다에서 만날 수 있습니다. IUCN에 따르면, 듀공과 매너티 모두 적색 목록에서 '취약' 등급으로 분류되어 있습니다.[5] 바다소는 식량 목적으로 포획하는 것 외에도, 얕은 바다에 살기 때문에 선박의 프로펠러에 의해 다치는 경우가 많습니다. 또한 선박의 엔진 소음, 해양 오염과 해안 매립 등으로 인한 서식지 환경의 악화로 많은 피해를 입고 있습니다.

다시는 볼 수 없을지도 모르는
인어를 지키기 위해

✦

일본 오키나와 북부에 헤노코邊野古라는 인구 1,500명가량의 작은 어촌 마을이 있습니다. 헤노코에서 듀공 모양의 풍선을 든 주민들이 시위를 했습니다. 그들은 "헤노코는 바다가 아름다운 곳입니다. 그걸 파괴하는 것은 참을 수 없습니다"라고 외쳤습니다.[6] 세계적 환경 단체 그린피스의 활동가는 헤노코 앞바다에 잠수해 듀공을 지키자고 시위를 벌이기도 했습니다. 헤노코에 무슨 일이 생긴 걸까요?

오키나와는 북위 26도 부근에 위치해, 비교적 따뜻한 아열대 기후가 나타납니다. 오키나와는 듀공의 서식지 중 가장 북쪽에 위치하는 것으로 알려져 있습니다. 따뜻한 쿠로시오 해류와 섬을 둘러싸고 있는 산호초는 듀공이 안정적으로 살아갈 수 있도록 도와줍니다. 듀공은 오키나와 사람들에게 인간과 자연을 연결하는 상징으로 여겨집니다. 오키나와 신화에서는 '니라이카나이', 즉 동쪽 바닷속에 다른 세계가 있다고 전해 내려오고 있습니다. 그리고 저 너머의 세계와 현재의 인간계를 잇는 존재가 바로 듀공이라고 합니다. 오키나와 사람들과 친근한 존재였던 듀공은 인간에 의해 서식지가 급격히 축소되어, 오키나와 일부 해안에 극소수만 살아남았습니다. 그 서식지 중 하나가 바로 헤노코 앞바다입니다.

1999년, 한적한 어촌 마을 헤노코에 대규모 미군기지를 이전하여 건설한다는 계획이 결정되었습니다. 이 결정이 알려진 후, 많은

그린피스의 오키나와 듀공 보전 수중 시위

주민과 환경 단체가 반발했습니다. 미군기지 건설로 얕은 바다가 파헤쳐지고 오염되면 듀공의 먹이인 해초가 줄어들고, 해안 매립으로 얕은 바다가 축소되면 듀공의 개체 수가 감소할 것으로 우려했기 때문입니다.

물론 미군기지 건설에 대한 주민들의 반발은 단순히 듀공의 보전 때문만이 아닙니다. 제2차 세계 대전 중 오키나와 전역이 전쟁터가 되어 많은 오키나와 주민이 사망하거나 피해를 입었습니다. 게다가 전쟁 이후 일본 최대 규모의 미군기지가 생기면서, 전쟁이 끝나도 끝나지 않은 것 같은 삶을 살게 되었습니다. 이처럼 미군에 대한 감정이 단순하지 않은데, 헤노코 앞바다에 새로운 미군기지가 건설되면 오키나와의 상징인 듀공이 위협받는다고 하니 반발이 훨

미군기지 건설 공사가 진행 중인 오키나와 헤노코 앞바다

씬 컸던 것입니다.

2003년 미·일 환경 단체가 헤노코 연안에 사는 듀공을 원고로 하여 미국 국방 장관에게 소송을 제기한 것은 대단히 상징적입니다. 주민들은 바다의 변화상을 지속적으로 모니터링하고 다양한 해양생물들에 대해 기록하며, 해양 매립과 미군기지 건설이 미칠 부정적 영향을 조사하고 홍보했습니다. 해양 전문가들은 해양 조사를 통해 주민들과 협력했고, 바다를 지켜야 한다는 목소리를 세상

에 퍼트리는 활동가와 법률 전문가 등도 주민들에게 힘을 보탰습니다.[7] 듀공은 오키나와 주민과 환경 단체가 연대해 국가 권력에 저항하는 상징이 되었습니다.

그러나 미군기지 건설은 번복되지 않았고, 오키나와 듀공의 개체 수는 점차 줄어들었습니다. 1997년에 원격 탐사remote sensing를 통해 열한 마리의 개체를 확인했는데, 2006년 이후에는 세 마리로 감소했습니다. 그리고 2019년에 한 마리가 죽은 이후 남은 두 마리마저 관찰되지 않아 오키나와 듀공은 사실상 멸종했거나 멸종 위기에 처한 것으로 보고 있습니다.[8] "일본의 천연기념물인 듀공의 모습을 더 이상 볼 수 없다. 한때 베링섬에서 스텔러바다소를 멸종시킨 것과 같은 죄를, 우리는 일본의 듀공에 대해서도 저질러버렸다." 가미야 도시로神谷 敏郎의 책《인어의 박물지人魚の博物誌》에 실린 이 문구가 그 어느 때보다 의미심장하게 다가옵니다.

세계 여러 지역에서 인어 전설을 가진 바다소가 바닷속을 유유히 헤엄치고 다녔습니다. 하지만 베링섬의 스텔러바다소는 더 이상 지구상에서 볼 수 없게 되었고, 오키나와의 듀공도 같은 처지에 놓일 운명입니다. 사람들의 상상력을 자극하고 때로는 경외감을 갖고 신성시했던 바다소가 사라지면, 더이상 인어 전설은 세상 밖으로 나오지 못하고 전설 속에 갇힐 수밖에 없습니다. 인간 또한 단절과 고립을 향해 가는 건 아닌지 걱정되기도 합니다. 인간과 자연의 교감 및 소통을 상징하는 매개체였던 바다소가 지구에서 인간과 함께 계속 살아갈 수 있기를 기원합니다.

세계에서 가장 큰
모래시계를
가로지르는 새
큰뒷부리도요

자연의 이치를 따라가는 사람

태평양은 세계에서 가장 넓은 바다입니다. 광활한 태평양의 가운데를 확대해서 들여다보면 1,000개 이상의 섬이 별처럼 분포합니다. 하와이, 이스터섬, 뉴질랜드를 꼭짓점으로 하는 이 거대한 삼각지대를 '폴리네시아Polynesia'라고 합니다. 그런데 이처럼 광활한 태평양 한가운데 수많은 섬에도 사람이 살고 있습니다. 정밀한 세계 지도도, 튼튼하고 빠른 비행기나 배도, 위성 항법 시스템GNSS*이나 지리 정보 시스템GIS과 같은 지리 정보 기술도 없던 시절에 폴리네시아인들은 어떻게 이주했을까요?

사람들은 작고 조악한 카누를 타고 드넓은 폴리네시아로 이주했

---

*   Global Navigation Satellite System. 인공 위성을 이용해 사용자나 사물의 현재 위치, 이동 방향, 속도 등을 알려주는 시스템이다. 그 종류로는 미국의 GPS, 유럽 연합의 Galileo, 러시아의 GLONASS 등이 있다.

습니다. 이들의 항해 비결은 별, 파도, 새와 같은 자연의 이치에 대한 이해였습니다.[1] 바다 너머에서 코코넛이 떠내려오거나 해류의 흐름이 달라진다면, 저 어딘가에 섬이 있다고 가정할 수 있습니다. 이들은 망망대해에서 하늘의 별자리를 보고 자신의 위치를 파악한 뒤, 그 일대를 지도로 만들었습니다. 이를 원주민 언어로는 '메토', 학계에서는 '스틱 차트'라고 부릅니다.[2] 자신이 어디에 있는지, 어느 방향으로 가면 섬이 나올지 간접적으로 추론한 뒤, 새로운 섬으로 이주한 것입니다.

이렇게 자연의 이치를 이해해서 얻은 덕택 가운데 특히 뉴질랜드의 발견은 한 새의 도움이 컸습니다. 뉴질랜드는 폴리네시아의 섬 중에서 인류가 가장 늦게 도착한 곳으로, 1200년경 이후에야 인류의 정착이 이루어지기 시작했습니다. 현재의 사모아, 타히티섬 등지에 살던 폴리네시아인 중 일부는 매년 9월경이 되면 북쪽에서 남쪽으로 가로질러 날아가는 조그마한 새들의 행렬에 주목했습니다. 이들은 수많은 새가 대규모로 날아가는 것은 분명 남쪽 바다 건너에 큰 땅이 있기 때문이라고 추론했습니다. 그래서 용기를 내어 배를 타고 남쪽으로 한참 항해해 이전의 폴리네시아에서 볼 수 없던 거대한 섬, 바로 오늘날의 뉴질랜드(아오테아로아)*를 발견했습니

---

* 뉴질랜드New Zealand는 17세기 네덜란드 탐험가들이 유럽인 중 처음으로 뉴질랜드 땅을 '발견'하면서 '새로운 제일란트Nieuw Zeeland'라고 명명한 것에서 유래한 이름이다. 당시 폴리네시아인들은 '길고 하얀 구름의 땅'이라는 의미에서 '아오테아로아Aotearoa'라고 불렀다. 오늘날 뉴질랜드에서 '뉴질랜드'라는 영어

마오리족과 연관이 깊은 큰뒷부리도요

다. 이들은 아오테아로아에 정착해 마오리족의 선조가 되었습니다.

　마오리족은 자신들의 선조를 아오테아로아로 인도해준 이 새를 쿠아카kuaka라고 부릅니다. 마오리족은 매년 봄(9~10월경)마다 북쪽에서 날아와 아오테아로아에 머물다가 이듬해 가을(3~4월경)에 다

　국명과 '아오테아로아'라는 마오리어 국명은 대등한 지위를 갖는다.

시 북쪽으로 날아가는 이 새를, 자신들의 선조가 원래 살았던 곳에서 날아온다고 믿으며 신성시합니다.[3] 이렇듯 마오리족과 깊은 인연이 있는 이 새의 정체는 무엇일까요? 바로 큰뒷부리도요bar-tailed godwit입니다. 이 큰뒷부리도요가 어디서 날아왔고, 왜 그렇게 광활한 태평양을 남북으로 가로질러 날아가 마오리족의 이주에 도움을 주었는지 알아보겠습니다.

모래시계의 아래쪽 끝에서 위쪽 끝까지

'동아시아-대양주 철새 이동 경로 파트너십East Asian-Australasian Flyway Partnership, EAAFP'이라는 국제기구는 동아시아-대양주(오세아니아) 철새 이동 경로 전반의 이동성 물새와 그 서식지를 보전하기 위해 2006년에 설립되었습니다. 이동성 물새들이 매년 번식과 월동을 위해 이동하는 지리적 경로를 '철새 이동 경로flyway'라고 하는데, 전 세계에 아홉 개의 철새 이동 경로가 있습니다.[4] 그중 하나인 동아시아-대양주 철새 이동 경로East Asian-Australasian Flyway, EAAF는 상대적으로 지리적 범위가 매우 넓습니다. 북쪽으로는 시베리아와 알래스카 일대를 포괄하고, 남쪽으로는 오스트레일리아와 뉴질랜드 일대까지 포함합니다. 그런데 두 일대를 이어주는 동아시아 지역의 지리적 범위가 상대적으로 좁아 EAAF를 지도에서 살펴보면

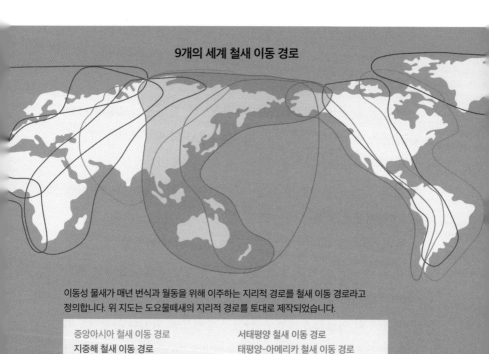

9개의 세계 철새 이동 경로

이동성 물새가 매년 번식과 월동을 위해 이주하는 지리적 경로를 철새 이동 경로라고
정의합니다. 위 지도는 도요물떼새의 지리적 경로를 토대로 제작되었습니다.

중앙아시아 철새 이동 경로
지중해 철새 이동 경로
서아시아-동아프리카 철새 이동 경로
동대서양 철새 이동 경로
동아시아-대양주 철새 이동 경로

서태평양 철새 이동 경로
태평양-아메리카 철새 이동 경로
미시시피-아메리카 철새 이동 경로
대서양-아메리카 철새 이동 경로

동아시아-대양주 철새 이동 경로EAAF 지도

동아시아-대양주 철새 이동 경로
파트너십EAAFP 로고

마치 모래시계 형태와 비슷합니다. 해마다 도요물떼새, 명금류, 맹금류 등 800여만 마리의 새가 '세계에서 가장 큰 모래시계'인 EAAF를 삶의 터전으로 삼습니다.

물론 모든 철새가 이처럼 넓디넓은 EAAF 전체를 가로질러 이동하는 것은 아닙니다. 대부분의 철새는 EAAF의 일부에서만 이동합니다. 하지만 EAAF를 이동하는 철새 중 큰뒷부리도요는 남쪽 끝에서 북쪽 끝까지 광활한 범위를 이동합니다.[5] 큰뒷부리도요가 이렇게 먼 거리를 이동하는 데는 크게 두 가지 이유가 있습니다.

첫째, 추위를 피하기 위해서입니다. 지구는 자전축이 23.5도 기울어진 채 태양 주위를 공전하기 때문에 북반구와 남반구는 계절이 반대로 나타납니다. 큰뒷부리도요가 뉴질랜드에 머무는 시기는 9~10월부터 이듬해 3~4월로, 남반구 중위도에 위치한 뉴질랜드의 많은 지역은 이 시기에 월평균 기온이 10~20°C 내외로 온화합니다. 따라서 기온이 조금씩 떨어지는 3~4월경이면 큰뒷부리도요는 북반구로 날아갑니다. 북반구 고위도 지역까지 날아가 북극해 연안 툰드라에서 6월에서 9월경까지 머무릅니다. 이때는 북극해 연안의 월평균 기온이 영상인 여름철입니다.

툰드라 기후 지역인 북극해 연안은 대부분의 시기에 월평균 기온이 영하로 떨어지기 때문에 눈과 얼음으로 덮인 동토가 나타납니다. 매서운 바람이 몰아쳐 동식물들은 혹독한 환경에 적응해야 합니다. 하지만 북극해 연안에서도 6~9월의 여름철에는 월평균 기온이 0~10°C로 올라가 상대적으로 온화합니다. 큰뒷부리도요는 이렇게 뉴질랜드와 북극해 연안의 온화한 지역에서 지내기 위해 남반구 중위도 지역부터 북반구 고위도 지역까지 날아갑니다. 추운 겨울을 피해 따뜻한 곳으로 서식지를 옮기는 이유는 생존에 유리하기 때문입니다.

둘째, 번식에 유리한 조건을 찾아 개체 수를 극대화하기 위해서입니다.[6] 큰뒷부리도요의 주된 번식지는 북극해 연안의 툰드라입니다. 이곳은 여름에 월평균 기온이 영상으로 올라가면서, 얼어 있던 땅의 표면이 일시적으로 녹아 작은 호수나 늪지가 형성됩니다. 즉, 여름철에 활동층의 눈과 얼음은 일시적으로 녹지만, 그 아래에 여전히 꽝꽝 얼어 있는 영구 동토층은 물이 스며들지 않는 불투수층 역할을 해 지표면에 물이 고입니다. 그래서 이곳에는 모기와 같은 작은 곤충이 많이 서식합니다.

여름 툰드라는 모기와 작은 곤충의 천국입니다. 이런 곤충은 큰뒷부리도요를 비롯한 새들에게 좋은 먹잇감입니다.[7] 그리고 북위 66.5도 이북의 북극권은 하지를 중심으로 낮의 길이가 24시간인 백야 현상이 나타나는 등 여름철 낮의 길이가 매우 길기 때문에, 어미새는 하루 종일 새끼에게 먹이를 먹여 키울 수 있습니다. 북극여우나 늑대 정도를 제외하면 큰뒷부리도요의 천적 개체 수도 지구상 그 어떤 지역보다 적은 편입니다. 풍부한 먹이, 긴 먹이 활동 시간, 적은 수의 천적이라는 삼박자가 맞아떨어지는 북극해 연안 툰드라는 큰뒷부리도요가 알을 낳아 새끼를 키우기에 적합한 곳입니다. 그러니 뉴질랜드에서부터 날아갈 만한 가치가 있는 것입니다.

미국 알래스카 북극해 연안 툰드라의 겨울

미국 알래스카 북극해 연안 툰드라에서 여름철에 호수와 늪지가 생긴 경관

최장거리 비행사, 큰뒷부리도요

그렇다면 큰뒷부리도요가 이동하는 실제 거리는 얼마나 될까요? 마오리족 입장에서는 큰뒷부리도요가 'A에서 B까지 먼 거리를 이동하는 새다'라고 생각할 수 없었을 테니, 그저 '날씨가 따뜻해질 때 갑자기 하늘에서 나타나 몇 달 머무르다 추워지기 전에 다시 날아간다'는 정도로만 인지했을 것입니다. 이전 과학자들도 양반구의 서로 멀리 떨어진 지역에서 큰뒷부리도요가 나타나는 것을 관찰했지만, 이를 통해 같은 개체의 장거리 이동이 이루어진다는 심증을 확신할 수는 없었습니다.

이후 위성 항법 시스템을 통한 위치 추적 기술이 발달하면서 비밀이 풀렸습니다. 조그마한 새의 몸에 부담이 되지 않는 아주 조그마한 위치 추적 장치를 부착해 큰뒷부리도요의 놀라운 이동 거리와 경로를 확인할 수 있었습니다. 한 가지 예를 들면, 2020년 3월 28일 뉴질랜드에서 위치 추적 장치가 부착된 큰뒷부리도요는 7일 동안 북쪽으로 날아가서 우리나라 서해안 갯벌에 도착했습니다. 무려 9,625km를 날아간 것입니다. 그리고 5월 21일 다시 북동쪽으로 5일 동안 6,250km를 날아 미국 알래스카 북극해 연안에 도착했습니다. 북극해 연안에서 여름철에 번식한 큰뒷부리도요는 9월 18일에 드디어 알래스카에서부터 뉴질랜드까지 태평양을 종단하는 비행을 떠나 9일 동안 1만2,050km를 날아 9월 27일 뉴질랜드에 도착했습니다. 1년 동안 이 새는 2만7,925km를 비행한 것입니다.[8] 참고

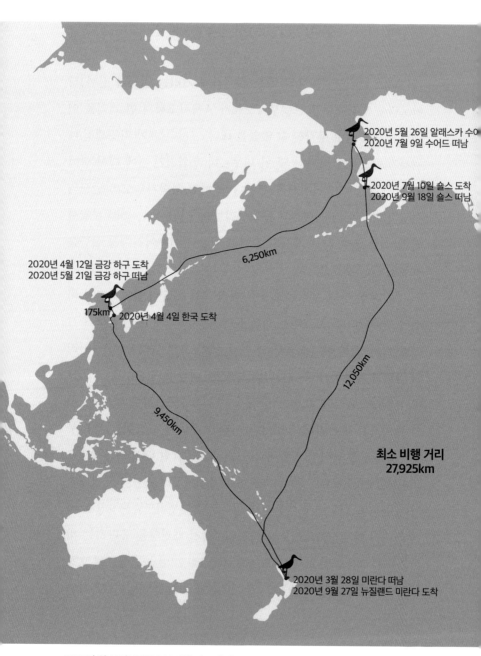

2020년 5월 26일 알래스카 수어0
2020년 7월 9일 수어드 떠남

2020년 7월 10일 숄스 도착
2020년 9월 18일 숄스 떠남

6,250km

2020년 4월 12일 금강 하구 도착
2020년 5월 21일 금강 하구 떠남

175km　2020년 4월 4일 한국 도착

12,050km

9,450km

**최소 비행 거리
27,925km**

2020년 3월 28일 미란다 떠남
2020년 9월 27일 뉴질랜드 미란다 도착

2020년 한 큰뒷부리도요의 비행 경로 추적(EAAFP)

위치 추적 장치를 다리에 부착한 큰뒷부리도요ⒸTony Habraken

로, 지구 둘레가 약 4만km입니다. 해마다 셀 수도 없이 많은 큰뒷부리도요가 이렇게 대단한 장거리 비행을 한다니 놀랍기만 합니다. 알래스카에서부터 뉴질랜드까지 1만km가 넘는 장거리 비행을 하는 큰뒷부리도요에게 '세계 최장거리 비행사'라는 별명을 붙여주기에 부족함이 없습니다.

큰뒷부리도요는 중간에 쉬거나 먹이를 먹지 않고 한 번에 가장 먼 거리를 날아가는 새입니다. 속도도 마치 사람이 단거리를 전속력으로 뛸 때의 페이스로 1만km 이상을 계속 날아가는 것과 유사합니다.[9] 큰뒷부리도요는 활강을 하는 것이 아니라 계속 날갯짓을 하면서 날아가기 때문에 체력 소모가 매우 클 수밖에 없는데, 쉬지 않고 며칠 동안 장거리 비행을 한다니 정말 대단합니다.

큰뒷부리도요의 몸무게는 680g 정도에 불과합니다. 이렇게 조그마한 새가 어떻게 1만km가 넘는 거리를 날아갈 수 있는지 불가사의합니다. 중간에 쉬었다 갈 수는 없을까요? 앞서 살펴보았듯이, 태평양 한가운데에는 섬이 별로 없기 때문에 마땅한 휴식처도 없습니다. 섬이 있다고 하더라도 모르는 천적을 만날 위험을 감수할 바에는, 최대한 쉬지 않고 한 번에 날아가는 편이 낫습니다. 대양 항해를 하는 다른 철새들, 예를 들어 쇠부리슴새나 사대양슴새는 힘들면 바다 위에 앉아 휴식을 취하고 바닷속 먹이로 체력을 보충합니다. 하지만 큰뒷부리도요는 발에 물갈퀴도 없고 수영을 잘하지 못해 그렇게 할 수도 없습니다. 그러니 한 번에 날아서 목적지까지 가야만 합니다.

북극해 연안 툰드라에서 번식을 마친 큰뒷부리도요가 월동을 위해 뉴질랜드로 날아가기 위해서는 철저한 준비가 필요합니다. 그렇기에 체내의 극적인 생리학적 변화를 모색합니다. 큰뒷부리도요는 북극해 연안 툰드라에서 먹이를 폭식하며 비행 전 약 2주 동안 체중을 두 배 이상으로 불립니다. 그리고 피하의 체벽體壁과 내장 사이 빈 공간인 체강體腔에 280g이 넘는 지방을 저장합니다. 그로 인해 비행 전 큰뒷부리도요는 몸이 출렁거릴 정도로 뚱뚱해집니다. 비행하는 동안 필요 없는 모래주머니와 창자 같은 소화 기관은 줄어들고, 길고 연약한 날개에 동력을 공급하는 가슴 근육은 질량이 두 배로 증가합니다. 심장 근육, 허파 용량 등도 증가합니다.[10] 만약 큰뒷

장거리 비행 전 몸을 불린 큰뒷부리도요

부리도요의 이러한 극적인 변화를 사람에게 적용하면, 비만과 당뇨병 진단이 내려져 당장 응급실로 실려갈 것입니다. 하지만 큰뒷부리도요는 장거리 비행을 위해 이처럼 철저히 준비합니다.

철새들의 휴게소가 문을 닫는다면?

큰뒷부리도요가 뉴질랜드로 갈 때는 한 번에 태평양을 가로지르지만, 북극해 연안으로 갈 때는 중간에 들르는 기착지가 한 곳 있습니다. 바로 우리나라 서해안 갯벌입니다. 북극해 연안 툰드라에서 번식하기 전에 체력을 보충하기 위해 쉬는 것입니다. 혹시 북극해 연안 툰드라에 도착했을 때 당장 먹을 것이 없거나, 둥지를 마련하고 짝을 찾는 시간이 예상보다 오래 지연될 것에 대비해 기착지에서 먹이를 충분히 보충할 필요가 있습니다. 그래서 모래시계와 같은 큰뒷부리도요의 이동 경로 가운데 있는 서해안 갯벌에 머무르는 것입니다.

그런데 왜 하필 서해안 갯벌일까요? 그 이유는 갯벌이 지닌 높은 생물종 다양성 때문입니다. 복잡한 해안선과 완만한 해저 경사, 큰 조수 간만의 차이로 인해 점토질 등의 퇴적물이 쌓여서 형성된 갯벌은 수많은 동식물의 삶의 터전입니다. 큰뒷부리도요의 이동 경로 가운데 한정된 범위 내에서 가장 풍부한 먹이자원을 얻을 수 있는 곳 중 하나가 바로 서해안 갯벌입니다. 특히 금강 하구에서부터 만경강, 동진강에 이르는 갯벌은 규모와 영양분 공급, 생물종 다양성 측면에서 가장 중요한 곳입니다. 4~5월경 충남 서천, 전북 군산 일대 갯벌에 가면 장거리 이동할 때 잠시 휴게소에 들르는 것처럼 갯벌에서 먹이 활동을 하는 큰뒷부리도요를 볼 수 있습니다.

최근 전 세계 생태학자와 보전 활동가들은 서해안 갯벌의 변화에 주목해왔습니다. 근래 몇십 년 동안 이루어진 간척 사업으로 인해 갯벌의 면적이 급격하게 축소되어 서식지 환경이 악화되었기 때문입니다. 20세기 이후 토목 기술의 발달로 방조제를 바다 한가운데 쌓을 수 있게 되면서, 갯벌은 물론 썰물 때도 물이 빠지지 않는 외해까지 방조제를 쌓아 육지로 만드는 대규모 간척 사업이 가능해졌습니다.

우리나라 서해안과 남해안의 크고 작은 여러 갯벌에서 간척 사업이 이루어져 갯벌 면적이 점차 줄어들었습니다. '단군 이래 최대 토목 사업'으로 불리는 새만금 간척 사업이 그 절정이라고 할 수 있습니다. 전북 군산, 김제, 부안 앞바다의 드넓은 갯벌이 모조리 간척 사업의 대상이 되었습니다. 총길이 약 34km에 달하는 방조제가 갯벌 앞을 막아, 밀물과 썰물의 주기가 끊어진 갯벌이 자연성을 잃고 황폐해져 갯벌에 살던 동식물은 그 다양성을 잃고 개체 수가 감소했습니다.

이러한 상황은 큰뒷부리도요에게 치명적이었습니다. 1만km 가까이 날아와 힘이 빠진 상태이므로, 서해안 갯벌 '휴게소'에서 먹이를 충분히 먹어야 북극해 연안 툰드라까지 날아가서 번식에 성공할 수 있는데, 휴게소가 갑자기 문을 닫거나 먹거리가 없는 상황이 되어버렸기 때문입니다. IUCN에 따르면 큰뒷부리도요는 현재 적색 목록에서 '준위협' 등급으로 분류되어 있습니다.[11] 새만금 간척 사업의 진행에 따라 큰뒷부리도요의 적색 목록 분류는 더 심각한 단계에 처할 수도 있습니다.

우리나라 서해안 갯벌(전북 군산)

간척 사업은 당연히 우리나라에서 결정하고 운영할 사안입니다. 간척 사업의 목적도, 성공과 실패 여부도 우리나라 정부와 국민들이 결정할 일이라고 생각할 수 있습니다. 그러나 새들 입장에서는 뉴질랜드-서해안 갯벌-알래스카가 하나로 연결되어 있습니다. 큰뒷부리도요를 비롯한 수많은 이동성 야생 조류는 '우리나라'가 세워지기 전부터 긴 세월에 걸쳐 서해안 갯벌을 휴게소 삼아 엄청난 이동 거리를 날아왔습니다. 넓디넓은 모래시계인 EAAF에서 우리나라가 갯벌을 잘 보전해야 큰뒷부리도요 또한 비행을 이어나갈 수 있습니다. '세계 최장거리 비행사'가 계속해서 태평양을 가로질러 날아갈 수 있도록 도우려면 우리나라를 비롯한 세계 각국이 함께 노력해야 합니다. 이를 위해서는 어느 한 나라가 자국 중심으로 바라봐서는 안 되고, 세계시민으로서 자세를 가져야 합니다. 동시에, 큰뒷부리도요와 같이 국경을 넘어 엄청난 거리를 이동하는 조류의 경이로움을 잘 알고 이를 보전하고자 하는 자세를 갖춘 생태시민이 되어야 할 것입니다.

한반도에서
다시 함께하고
싶다
반달가슴곰

15

국립공원을 대표하는 캐릭터
반달이와 꼬미

✦

국립공원은 우리나라를 대표할 만한 자연 경관과 문화 경관을 보전하기 위해 국가가 직접 관리하는 보호 지역입니다. 지리산, 설악산, 한려해상, 태안해안처럼 전국 각지의 이름난 산과 바다가 국립공원으로 지정되어 있습니다. 국립공원을 탐방하다 보면 표지판이나 현수막에서 국립공원공단의 곰돌이 캐릭터를 쉽게 발견할 수 있습니다. 반달이와 꼬미라는 이름에서 알 수 있듯 캐릭터의 모델은 반달가슴곰Asiatic black bear 입니다.

반달가슴곰은 곰과에 속하는 동물로, 학자들은 아시아흑곰이라고 부릅니다. 과거에는 한반도 전역에 분포했으나, 현재 남한에서는 지리산을 비롯한 극히 일부 지역에만 분포합니다. 다행히 북한에서는 비교적 넓은 지역에 다수의 개체가 생존한다고 알려져 있으

대국민 계절 보물찾기 프로젝트 소문내기

우리나라 국립공원에서 여름의 모든 생물을 찾아주세요!

프로젝트 참여후기 #작성하고 #선물받자
프로젝트 참여방법 #소문내고 #선물받자

참여방법보기>

국립공원공단의 캐릭터 반달이와 꼬미

과거 한반도 전역에 분포했던 반달가슴곰

며,[1] 러시아의 연해주 지역, 중국, 일본, 타이완 등 동아시아에 광범위하게 서식하고 있습니다.[2] 우리나라에서는 그 존재가 귀한 만큼 멸종 위기 야생 동물 1급, 천연기념물 329호로 지정해 환경부와 문화재청이 보호하고 있습니다. 세계적으로는 '멸종 위기에 처한 야생동식물종의 국제 거래에 관한 협약CITES' 부속서-1에 등재된 국제적 멸종 위기종이며, IUCN의 적색 목록에서 '취약' 등급으로 지정되어 있습니다.

반달가슴곰의
수난 시대

✦

《삼국유사》에 담긴 단군신화 속 곰, 부대 지휘관을 상징하는 깃발에 곰의 가죽을 사용했던 신라[3] 등 다양한 흔적에서 볼 수 있듯이, 곰은 한반도에서 용맹을 상징하는 동물이었습니다. 그러나 일제 강점기에 조선총독부가 한반도의 대형 야생 동물은 인간의 생명과 재산에 피해를 끼치는 해로운 맹수이므로 제거해야 한다는 해수구제 사업을 실시하면서 반달가슴곰도 대부분 사라졌습니다. 조선총독부의 〈통계연보〉 등 포획된 반달가슴곰의 공식적인 기록만 1,076마리인데, 당시 상황을 고려하면 총에 맞아 죽은 곰의 수는 훨씬 많았을 것입니다.

해방 이후에는 웅담을 찾는 사람들의 욕심 때문에 그나마 얼마

남지 않은 반달가슴곰마저 고초를 겪었습니다. 웅담은 곰 쓸개를 말린 약재로, 인간은 살아 있는 곰의 쓸개에 호스를 꽂아 쓸개즙을 채취하는 방식을 개발했습니다. 정부는 1981년 농가 소득 증대를 위해 곰 사육을 장려했고, 쓸개즙은 인기가 높아 비싼 가격에 팔렸습니다. 곰을 찾는 보신 문화와 정부의 방조로 다른 나라에서 수입해 키우는 사육 곰은 늘어나고, 야생의 반달가슴곰은 줄어갔습니다.

다행히 야생의 반달가슴곰이 멸종 위기에 몰리자 관심과 지원이 시작되었습니다. 보신 문화도 점차 개선되었고, 1993년에는 CITES에 가입하면서 곰의 수출입이 금지되어 사육 곰 산업이 쇠퇴했습니다. 그리고 반달가슴곰을 우산종umbrella species으로 보는 관점에서 복원 사업이 시작됐습니다. 우산종은 생태계 먹이사슬 최상층에 있는 종을 말합니다. 상대적으로 몸집이 크고 활동 범위가 넓은 동물을 보호하면, 광범위한 서식지에서 생태계를 구성하는 다른 많은 생명체가 간접적으로 보호받을 수 있습니다. 마치 우산을 펴면 그 밑에서 함께 비를 피할 수 있는 것과 같습니다. 반달가슴곰은 한반도 생태계 전체에 긍정적이고 거대한 파급 효과를 낼 수 있는 동물로 선택되었습니다.

반달가슴곰과
다시 함께하기 위한 노력

✦

2000년대 초반 환경부가 반달가슴곰 복원 사업을 시작했을 때, 사육 곰만 있고 야생 곰은 거의 없었습니다. 따라서 러시아의 반달가슴곰을 데려와 우리의 자연환경에 적응시켜 증식과 복원을 이루려고 했습니다. 방사 대상 지역으로는 지리산이 선정되었습니다.

지리산은 1967년 우리나라에서 가장 먼저 국립공원으로 지정된 곳입니다. 천왕봉(1,915m), 반야봉, 노고단의 주봉을 중심으로 해발고도 1,500m가 넘는 20여 개의 봉우리가 있으며, 크고 작은 능선과 계곡이 형성되어 있습니다. 강수량이 풍부하고 편마암의 풍화로 만들어진 토양이 포근하게 덮고 있어, 사면을 따라 다양한 식생이 자리 잡고 있습니다. 그야말로 지리산은 국립공원 제1호로 꼽힐 만큼 우리나라를 대표하는 산림 생태계를 볼 수 있는 곳입니다. 면적 또한 438km²로 우리나라 육상 국립공원 중 가장 넓기 때문에, 반달가슴곰이 돌아갈 수 있는 최적의 야생 환경이라고 할 수 있습니다.

2001년 환경부는 반달가슴곰 반돌, 장군, 반순, 막내 등 네 마리를 지리산에 실험 방사합니다. 반순과 막내는 자연 적응을 하지 못했지만, 반돌과 장군은 스스로 먹이 활동을 하며 지리산 환경에 적응했습니다. 이를 토대로 2004년에는 러시아의 연해주에서 여섯 마리의 반달가슴곰을 데려와 풀어놓았습니다. 밀렵으로 어미를 잃고 한반도에 온 곰들에게 우리나라는 복원 사업을 기념하기 위해 인터

반달가슴곰 복원 대상지로 선정된 지리산

넷 공모로 선정한 이름을 붙였습니다. 수컷 세 마리는 지리산의 산 봉우리에서 이름을 따와 야쿠트는 제석, 야시카는 천왕, 치푸는 만복이라는 이름을 붙여주었고, 암컷 세 마리는 골짜기에서 이름을 따와 츄마는 화엄, 츄나는 달궁, 아마존카는 칠선이라는 이름을 붙여주었습니다. 2005년에는 북한에서 태어난 반달가슴곰 여덟 마리를

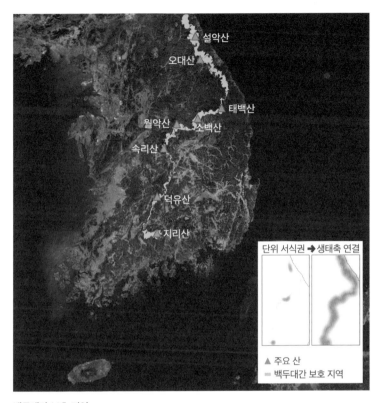

단위 서식권 ➡ 생태축 연결

▲ 주요 산
▬ 백두대간 보호 지역

백두대간 보호 지역

들여왔습니다. 이들은 평양중앙동물원 곰 사육 특별 농장에서 태어나, 서울대공원과 평양중앙동물원 간에 체결된 남북 동물 교환 사업의 일환으로 육로를 통해 비무장지대DMZ를 거쳐 지리산에 도착했습니다. 당시 목표는 2020년까지 50마리 이상 증식시켜, 멸종하지 않고 개체들이 존속할 수 있게 하는 것이었습니다. 2022년 기준으로 지리산에는 반달가슴곰 70여 마리가 살고 있는 것으로 확인되는데, 이는 초기 목표를 달성한 것입니다.[4]

이러한 반달가슴곰 복원 사업은 더 나아가 백두대간 보호 지역을 설정해, 백두대간 생태축을 연결하는 것이었습니다.[5] 지리산은 백두대간의 종착지입니다. 백두대간이란, 백두산에서 시작해 금강산, 설악산을 거쳐 지리산에 이르는 한반도의 중심 산줄기로, 총 길이가 약 1,400km에 이릅니다. 2005년에 산림청에서는 백두대간 구간 중 생태계, 자연경관, 산림 중 특별히 보호할 필요가 있다고 인정되는 지역을 백두대간 보호 지역으로 설정했습니다. 이 보호 지역 중 남쪽에 있는 지리산에서 반달가슴곰을 1단계로 복원하고, 설악산-오대산 북부권을 2단계, 월악산-소백산을 3단계로 하여 궁극적으로 백두대간 전체에 반달가슴곰을 복원하는 것이 목표입니다.

김천시로 이주한
최초의 반달가슴곰, 오삼이

인간이 계산한 지리산 반달가슴곰의 적정 개체 수는 70마리입니다. 그런데 복원 사업이 순조롭게 진행되면서 70마리를 초과했습니다. 먹이 경쟁이 치열해지자, 지리산을 떠나 새로운 곳으로 옮겨가는 반달가슴곰이 생기기 시작했습니다. 그중 KM-53이 가장 유명한 녀석입니다.

이름이 조금 달라졌다는 점을 눈치챌 수 있습니다. 방사 초기에는 천왕, 칠선처럼 고유한 이름을 붙였습니다. 이름이 있으면 사람들은 정을 느끼고 친숙하게 대하는데, 이것이 야생 동물에게는 치명적인 문제가 될 수 있습니다. 방사 초기 반달가슴곰이 등산로나 민가에 나타나자, 마주친 사람들이 곰의 이름을 부르며 먹이를 주는 등 야생 동물의 생존에 개입했습니다. 이렇게 되면 야생화를 통한 인간과 곰의 공존이 깨져버립니다.[6] 인간을 두려워하지 않고 인간이 준 먹이에 의존하는 순간 곰의 야생화는 실패하고 맙니다. 결국 반달가슴곰에게 이름을 붙이면 사람들이 반려동물처럼 대한다는 전문가의 판단하에[7] 번호를 붙이기로 했습니다.

그동안 지리산을 벗어나 인근으로 이동한 반달가슴곰이 여러 번 목격되었습니다. 그중 경상북도 김천시 대덕면 수도산 인근에서 발견된 KM-53은 80km 이상 원거리를 이동한 첫 개체였습니다. 전자 분석을 통해 지리산에 있던 개체라는 사실이 밝혀져 다시 지리산 국립공원으로 데려가 방사했습니다. 그런데 KM-53은 다시 수도산으로 이동하기 시작했고, 이번에는 고속도로에서 차량에 치여 사고를 당하기도 했습니다. 결국 세 번째 방사는 수도산 인근에서 이뤄졌습니다. KM-53이 지리산을 떠나 새로운 곳에 정착하고 싶은 의지를 확실히 나타낸 만큼, 원하는 곳에서 살게 해주자는 의도였습니다. 인구 감소로 어려움을 겪는 김천시에서는 KM-53에게 오삼이라는 이름을 붙여주었고, '김천시로 이주한 최초의 반달가슴

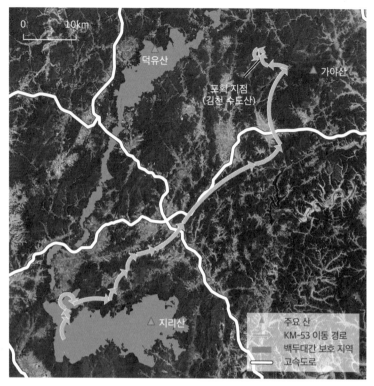

KM-53의 이동 경로

김천시에서 제작한 오삼이 캐릭터

곰'이라고 부르며 지역 마케팅에 적극 활용했습니다.

사실 오삼이를 방사하는 과정에서 의견 대립이 있었습니다. 오삼이는 덕유산, 가야산은 물론, 속리산까지 돌아다녔고, 양봉업자의 꿀을 까먹는 등 민가 근처에도 곧잘 출몰해 1년에 50건이 넘는 피해를 주었습니다. 최초 방사지인 지리산을 떠났으니 오삼이는 부적응한 개체이고 포획해야 한다는 주장이 있었습니다. 하지만 동물이 서식지를 확보하려는 것은 당연한 과정이니 좀 더 지켜보고 보호할 방법을 찾자는 주장도 있었습니다. 오삼이는 비록 추적용 발신기 배터리를 교체하는 과정에서 마취총을 맞고 도망치다가 계곡에서 익사했지만, 여러 환경 단체와 정부 기관, 학자, 시민들이 관심을 가지고 이야기를 나눈 데는 오삼이의 역할이 컸습니다. 현재 85마리에 이르는 반달가슴곰과의 공존을 두고 인간의 고민이 깊어지고 있습니다.

인간과 반달가슴곰의 공존이 가능할까?

우리나라에 사는 반달가슴곰의 주된 먹이는 도토리입니다. 지리산 국립공원에서 도토리가 열리는 참나무는 해발 고도가 높은 곳에 분포합니다. 가을에 열리는 도토리를 찾아 곰은 해발 고도가 높은 곳으로 이동해 잔뜩 먹고 살을 찌워 겨울잠을 잔 뒤 봄이 지나 여름이 되면 다시 해발 고도가 낮은 곳으로 내려와 먹이를 찾습니다. 따라서 인간이 굳이 먹이를 주기 위해 다가가지 않으면, 반달가슴곰은 참나무가 풍부하게 유지되는 곳에서 인간과 불편하게 마주칠 이유가 없습니다. 이는 국립공원공단의 연구에서도 드러났습니다. 반달가슴곰은 탐방로에서 멀리 떨어진 산림에 머무릅니다.

2013~2022년 지리산에서 수집된 반달가슴곰의 위치 정보 3만여 건을 분석한 결과, 탐방로 주변 10m 이내에서 관찰된 경우는 0.4% 정도에 지나지 않았습니다. 이 수치는 탐방로를 벗어날수록 급격히 증가하는데, 100m를 벗어나면 약 2.9%, 1km를 벗어나면 61.4% 정도였습니다.[8] 따라서 아직까지 우리나라에서 반달가슴곰과 인간이 마주칠 일은 꽤 드물다고 할 수 있습니다.

배가 고프면 밥을 먹고 싶은 것처럼, 먹이를 찾는 곰의 이동은 당연하고 자연스러운 행동입니다. 반달가슴곰 방사 사업이 오래전부터 시행된 지리산 국립공원에서는 반달가슴곰과 인간이 마주치는 경우가 점차 많아졌습니다. 등산객이 겁을 먹고 도망치기도 하고, 반달가슴곰이 음식물 쓰레기를 뒤지는 모습이 목격되기도 했습니다.

일정한 지역에서 한 개체가 먹이를 구하고 활동하는 데 필요한 공간의 크기를 행동권home range이라고 합니다. 행동권은 먹이를 먹고, 번식하며, 새끼를 낳아 기르고, 위험에 맞서 숨거나 도피할 수 있는 고정적인 공간 범위를 의미합니다. 지리산에 방사된 반달가슴곰의 행동권을 분석한 연구 결과에 따르면 반달가슴곰의 평균 행동권은 131~150km²입니다.[9] 서울특별시의 면적이 약 605km² 임을 감안하면 반달가슴곰의 행동권이 결코 좁지 않음을 알 수 있습니다.

따라서 앞으로 늘어날 반달가슴곰의 행동권은 인간의 정주 공간과 겹칠 가능성이 매우 높습니다. 지리산에는 이미 크고 작은 마을이 자리 잡고 있기 때문에, 반달가슴곰이 인간과 만나지 못하도록 차단하는 것은 불가능합니다. 반달가슴곰을 철창에 가두거나, 인간들이 모두 다른 곳으로 이주해야만 가능한 일입니다. 결국 생태계 최상위에 있는 반달가슴곰과 인간이 생활하는 공간적 범위가 겹치는 한반도에서, 두 존재가 공존할 수 있을지 의문이 들기도 합니다. 게다가 반달가슴곰은 인간이 통제하고 관리하고자 하는 만큼만 순순히 '야생화'되지 않는다는 사실을 오삼이를 통해 확인했습니다.

오삼이의 서식지 확대 시기와 과정은 모두 인간의 야생화 시나리오에 없었습니다. 게다가 앞에서 살펴본 것처럼, 오삼이가 수도산으로 이동한 과정을 추적해보면 인간의 의도대로 백두대간 보호지역을 따라 고분고분 이동하지도 않았습니다. 2009년 당국에서는 반달가슴곰이 지리산에서 백두대간 생태축을 따라 북쪽으로 이동해 덕유산으로 서식지를 확산할 것으로 예상하고, 백두대간 보호지역 중 일부 구간에서 반달가슴곰이 꺼려하는 소나무 대신 참나무 중심의 식생으로 바꾸는 사업을 진행했습니다.[10] 하지만 오삼이는 백두대간 생태축이 아닌, 위험천만한 고속도로를 넘나들며 제멋대

예측을 벗어난 경로로 이동해 '콜럼버스 곰'이라 불린 오삼이(환경부)

로(?) 이동해 백두대간 보호 지역이 아닌 김천 수도산에서 발견되었습니다. 괜히 오삼이의 별명이 '콜럼버스 곰'이 아닙니다.[11]

우리는 백두대간 생태축이 반달가슴곰을 중심으로 복원되길 기대했지만, 외나무다리처럼 좁고 가느다란 백두대간 경로를 오삼이가 원치 않았을 수도 있습니다. 이처럼 반달가슴곰을 인간의 의도대로 '야생화'하는 것은 쉬운 일이 아닙니다.

현재 지구 생태계 꼭대기에는 인간이 있습니다. 그렇지만 지구에 인간만 남으면 인간도 생존하기 어렵습니다. 자연이 보내는 수

많은 경고는 인간의 지속 가능한 삶을 위해서라도 생태계를 이루는 동물이 다양해야 한다는 중요한 사실을 깨닫게 합니다. 2018년 평창 동계 올림픽의 마스코트 중 하나가 반달가슴곰 캐릭터인 반다비였습니다. 의지와 용기를 상징하는 반다비처럼 야생화된 반달가슴곰에게도 인간에게 의존하지 않겠다는 의지와 용기가 필요한지 모르겠습니다. 나아가 한반도에서 반달가슴곰과 함께 살아가기로 마음먹은 인간들에게도 곰의 야생화를 포기하지 않는 의지와 강인한 용기가 필요할지 모르겠습니다.

인간이 만든 왕이지만 초원 밖은 위험해! 사자

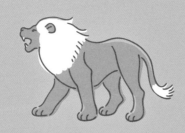

동남부 아프리카는
정말 동물의 왕국일까?

✦

여러분은 '동물의 왕'이라고 하면 가장 먼저 어떤 동물이 떠오르나
요? 우리나라 사람들은 호랑이를 꼽는 경우가 많지만, 유럽 사람
은 사자lion를 가장 먼저 떠올립니다. 이러한 인식의 차이는 자연스
럽게 '호랑이와 사자가 싸우면 누가 이길까?' 하는 논쟁으로 이어지
기도 했습니다. 대형 고양잇과 동물이자 맹수인 두 동물은 서로 비
슷하면서도 다른 특징을 가지고 있기 때문입니다.

　호랑이의 서식지는 주로 유라시아 대륙의 동쪽에 널리 분포하지
만, 사자의 서식지는 아프리카의 초원 지역에 주로 분포합니다. 이
렇게 사자와 호랑이는 사는 지역과 환경이 다르기 때문에, 사실 야
생에서 서로 싸울 일이 없습니다. 또한 습성에서도 차이가 나기 때
문에 같은 공간에서 산다고 하더라도 서로 영역 싸움을 할 가능성

가장 대표적인 '동물의 왕' 사자

고양잇과의 대표적인 두 맹수 사자와 호랑이

은 낮습니다. 굳이 싸우는 상황이 발생하더라도 각 개체의 크기나 주어진 환경에 따라 승패가 갈릴 것이기 때문에, 사자와 호랑이라는 두 동물 중 누가 더 강한지 결론 내리기는 어렵습니다.[1] 이러한 이유로 사자와 호랑이는 각자의 지역에서 '동물의 왕'으로 여겨집니다.

그런데 사자가 지배하는 초원의 경관은 유럽인들의 생각 속에서 만들어진 이미지에 불과합니다. 동남부 아프리카의 케냐와 탄자니아라고 하면 영화 〈라이온킹〉이나 다큐멘터리 TV 프로그램 〈동물의 왕국〉 속 장면을 떠올리는 사람이 많습니다. 이러한 작품들은 동남부 아프리카에 대한 고정된 이미지를 갖게 합니다. 즉, 영상 매체 속에 드러난 일부 모습이 아프리카의 전체적인 이미지로 일반화되는 것입니다.

사실 동남부 아프리카의 초원 지역이 '동물의 왕국'이라는 이미지로 재현된 것은 19세기 서구 사진가들이 촬영한 사진이 큰 영향을 미쳤습니다.[2] 19세기 후반 탐험가나 군인, 전문 사냥꾼은 자신들이 죽인 동물들을 사진으로 찍어 사냥 업적을 자랑하곤 했습니다. 이렇게 재미를 위해 야생 동물들을 선택적으로 사냥하는 행위를 '트로피 사냥trophy hunting'이라고 합니다. 그저 자랑하기 위해 사냥한 동물의 사체를 인증하는 사진을 찍기도 하고, 동물의 머리를 박제하기도 하며, 이빨이나 뿔을 가공해 물건을 만들기도 했습니다. 이러한 행동을 통해 유럽인들은 자신들이 거주하는 '문명화된 공간'과 대조시켜, 동남부 아프리카의 초원 지역을 '야생의 공간'으로

아프리카 사바나 초원의 사자

재현했습니다. 두 지역이 가진 문화적 차이를 적극적으로 드러내고자 하는 의도가 있었던 셈입니다.[3]

이렇게 촬영된 사진이나 트로피는 유럽의 박물관 등에 전시되었고, 사진을 관람하는 유럽 사람들의 머릿속에 아프리카는 비문명화된 야생 공간이라는 편견이 자연스럽게 형성되었습니다. 결국 이러한 편견은 서구 열강의 식민 지배와 연결되었습니다. 문명화되지 않은 아프리카를 유럽의 열강이 식민 지배해 문명화된 공간으로 바꿔주겠다는 발상이 제국주의를 정당화하는 담론으로 자리 잡았기 때문입니다.

케냐와 탄자니아 등 대부분의 나라들이 독립을 하여 더 이상 식민지가 아님에도 불구하고, 그 시절의 공간 인식은 지금까지도 강하게 남아 있습니다. 오늘날 현대인들은 복잡한 일상을 떠나 의미 있는 장소로 여행하기를 갈구합니다. 특히 동남부 아프리카의 초원 지역은 일상에서 벗어나 야생 상태의 자연을 즐길 수 있다는 점에서 '성스러운 장소sanctuaries'로 여겨집니다.[4] 따라서 이 지역을 방문하는 유럽과 북아메리카의 특권층에게는 길들여지지 않는 야생의 자연을 체험할 기회가 주어집니다.

이러한 상황을 가장 잘 설명해주는 것이 '상상의 지리imagined geographies'[5]입니다. 상상의 지리는 팔레스타인 출신의 학자 에드워드 사이드Edward W. Said(1935~2003)가 제시한 개념으로, 어떤 장소가 텍스트나 사진, 그림 등에 의해 특정한 형태의 공간으로 생산되는 것을 말합니다. 생산 과정에서 제국주의 등 정치적 영향이 개입

될 수 있으며, 동남부 아프리카는 유럽인들이 재현한 상상의 지리가 드러나는 공간이라고 볼 수 있습니다. 이러한 관점을 활용하면 장소에 대한 정치적·경제적·문화적 지배를 강화할 수 있습니다.[6]

유럽인들의 '동물의 왕 만들기'

동남부 아프리카가 상상의 지리로 만들어진 공간이라면, 사자는 만들어진 동물의 왕입니다. 유럽 사회에서 사자가 동물의 왕이라는 이야기는 크리스트교가 유럽에 전파된 과정과 밀접한 관련이 있습니다. 사자가 동물의 왕으로 인식되기 전에는 곰이 가장 강력한 동물로 여겨졌습니다. 곰은 강한 힘을 가지고 두 발로 설 수도 있기 때문에, 공포의 대상이면서 동시에 숭배의 대상이었습니다.[7] 전근대 유럽 사람들은 당장 눈에 보이는 강한 힘을 가진 곰을 숭배하고자 했고, 이들에게 크리스트교가 전파되기는 쉽지 않았습니다. 그래서 성직자들은 곰을 불길하고 혐오스러운 동물로 묘사하기도 하고, 실제로 이교도이자 악마라는 프레임을 씌우며 곰과 전쟁을 벌여 씨를 말리기도 했습니다. 또한 동물의 왕이 곰이 아니라 사자라는 점을 강조했습니다. 이것이 유럽 전역에 크리스트교가 전파된 시기(13세기)와 많은 사람이 사자를 동물의 왕이라고 인식하게 된 시기가 일치하는 이유입니다.[8]

많은 동물 중에서 유럽인들이 사자를 왕으로 여긴 이유가 있습

©Ввласенко

©02vfinx

사자를 활용한 사례. 신성 로마
제국의 제후였던 사자공 하인리히의
상징물(위)과 1558~1603년 영국
왕실의 휘장(아래)

니다. 고대 로마 제국에서는 코끼리나 하마 등 아프리카 동물들을 볼 수 있었지만, 중세 유럽에서 사자는 실제로 볼 수 없는 동물이었기 때문에 상상 속에 존재하는 신비함이 있었습니다. 그런 상황에서 신학자들은 맹수인 사자에게 긍정적 이미지를 주기 위해 진짜 사자는 좋은 사자라는 가치관을 만들어냈습니다.[9] 또한 십자군 전쟁 과정에서 북부 아프리카와 팔레스타인의 사자 문화가 자연스럽게 유럽에 전해지면서, 사자는 결국 유럽에서 동물의 왕으로 만들어졌습니다. 그 결과 '사자왕' 리처드나 '사자공' 하인리히처럼 강력한 왕권을 보여주는 이름에 사자가 등장하기도 했습니다.[10]

'트로피 사냥'으로 인한 비극

야생 동물에 대한 착취는 동물원이나 수족관에만 국한되지 않습니다. 인간으로부터 자유로워 보이는 야생에서도 사자의 고난은 계속되었습니다. 짐바브웨의 '세실Cecil'이 대표적인 예입니다. 세실은 황게 국립 공원Hwange National Park의 사자입니다. 2008년에 처음 알려지며 국립 공원을 방문하는 관광객들에게 많은 관심을 받았는데, 2015년에 목이 잘린 사체로 발견되었습니다. 세실이 트로피 사냥을 즐기러 온 미국인 치과 의사에게 죽임을 당했다는 사실이 온 세상에 알려지면서 트로피 사냥에 대한 논쟁이 도마 위에 올랐습니다.

트로피 사냥을 보여주는 사진(위)과
박제된 아이벡스의 머리(왼쪽)

©Lord Mountbatten

짐바브웨의 사자, 세실©Daughter#3

세실은 사냥이 금지된 보호 구역에서 서식했는데, 왜 사냥에 희생되었을까요? 이는 사냥꾼의 잔인함과 일부 현지인의 탐욕, 정부의 방조가 빚어낸 결과입니다.[11] 국립 공원과 같은 보호 구역의 야생 동물은 법적으로 보호받지만, 한정된 '요새' 안에서뿐입니다. 보호 구역 내에서만 엄격하게 사냥이 금지된다는 사실을 알고 있는 사냥꾼들은 법의 틈새를 교묘하게 파고들었습니다. 먹이를 이용해 사자를 보호 구역 밖으로 유인한 뒤 사냥하는 방식을 개발했고, 세실 역시 이런 방식에 의해 죽었습니다.

한편 아프리카 여러 나라의 정부는 국립 공원 내 야생 동물의 개체 수를 적정 수준으로 조절하고자 합니다. 이러한 개체 수 조절은 야생 동물의 '지속 가능한 서식'을 돕는다는 명목하에 이루어집니다. 한 해에 죽여도 되는 동물의 개체 수를 계산하고, 이를 바탕으로 사냥 쿼터를 결정합니다.[12] 이렇게 나온 사냥 쿼터는 일부 사람들에게 동물을 합법적으로 사냥할 수 있는 권한을 부여하고, 중개인들은 이 거래를 통해 대가를 얻습니다.[13] 또한 이 지역으로 여행온 부유층에게 트로피 사냥을 적극적으로 홍보하기도 합니다. 사냥을 활용한 관광 산업이 국가의 부를 늘리는 데 큰 도움이 되기 때문입니다. 관광 상품의 형태로 사자 한 마리를 사냥하면 2021년 기준으로 3만 달러에서 5만 달러가 해당 국가에 지급된다고 알려져 있습니다.[14]

짐바브웨 정부도 불법 사냥이 공공연하게 이루어지고 있다는 사실을 알고 있습니다. 그러나 사냥 산업을 통해 얻는 수익을 포기하

무리(프라이드)를 이루어 살아가는 사자들©Derek Keats

는 게 쉽지 않기 때문에 이러한 비극이 여전히 계속되고 있습니다.

이렇게 법의 틈새를 비집고 들어가는 트로피 사냥은 사자에게 피해를 줍니다. 트로피 사냥은 자랑이 주목적이기 때문에, 머리를 박제할 때 근사한 갈기가 돋보이는 수사자에게 사냥이 집중됩니다. 하지만 수사자가 죽으면 무리 전체에 매우 큰 영향을 미칩니다.[15] 사자는 프라이드pride라고 불리는 무리를 이루어 살아갑니다. 만약 인간이 수사자를 사냥하면 무리의 구성이 바뀌고, 새롭게 무리를 지배하려는 사자가 기존 수사자의 새끼들을 살해합니다. 수사자 한 마리의 죽음이 30여 마리에 이르는 새끼 사자의 죽음으로 이어진

다는 말이 있을 정도입니다. 결국 인간의 즐거움을 위한 트로피 사냥이 오늘날 사자의 멸종 위기 상황에 원인을 제공하는 셈입니다. IUCN에 따르면 사자는 현재 적색 목록에서 '취약' 등급으로 분류되어 있습니다.[16]

야생 동물 보호 때문에
쫓겨나는 사람들

오늘날 아프리카 대부분의 사파리는 '요새형 보전fortress conservation' 성격을 띱니다. 요새형 보전이란 환경지리학자인 대니얼 브로킹턴Daniel Brockington이 주장한 개념[17]으로, 인간에 의한 생태계 교란으로부터 격리될 수 있는 구역을 만들어 생물종 다양성을 보전하는 방법입니다. 이는 야생 동물을 보호하기 위한 유용한 방법이 될 수 있지만, 해당 지역에서 오랫동안 거주하던 인간은 그 지역에서 쫓겨납니다.

　탄자니아와 케냐에 걸쳐 있는 세렝게티는 마사이족 언어로 '끝없는 초원'이라는 뜻을 지닙니다. 세렝게티는 오랜 기간 마사이족이 가축을 기르며 살던 곳입니다. 그러나 세렝게티를 국립 공원으로 지정한 뒤 마사이족의 거주지가 사자의 이동 통로에 해당한다고 판단한 탄자니아 정부는 마사이족을 초원에서 강제로 쫓아내려고 했습니다.[18] 요새형 보전이 '보전 난민conservation refugee'이라는 새로

요새형 보전 구역을 나타내는 사진ⓒKate Ter Haar

운 유형의 난민을 만들어낸 것입니다. 야생 동물 보호 과정에서 보전 난민이 발생하는 것은 세렝게티만의 이야기가 아니라 꽤 흔합니다. 하루아침에 삶의 터전을 잃은 주민들은 새로운 정착지로 이동하는 과정에서 가뭄과 기근에 더욱 취약해지고, 영양실조 등의 문제에 직면할 가능성도 커집니다.[19]

요새형 보전이 야생 동물을 보호할 수 있는 가장 바람직한 방법일까요? 동물을 보호하기 위한 방법이라고 하지만, 그곳을 삶의 터전으로 삼고 살아오던 주민들에 대한 고려가 이루어지지 않았기 때문에 윤리적으로 아쉬운 점이 많습니다. 그뿐 아니라 자연과 공존해온 주민들을 야생 동물에 위협적인 존재로 취급해 강제로 쫓아낸다는 점에서, 식민주의에 근거한 모델이라는 의견도 제기되고 있습

하루아침에 삶터에서 쫓겨난 탄자니아의 마사이족

니다.[20] 또한 퇴거라는 불행을 겪는 사람들은 대부분 권력으로부터 소외당한 소수자입니다. 보전 구역을 만듦으로써 얻는 이익은 대부분 관광 산업 종사자나 정부에 돌아가기 때문에 이들에게는 이익이 거의 없습니다. 따라서 우리는 동물들이 겪는 비극뿐만 아니라 보전 구역을 만드는 과정에서 인간이 배제되는 문제도 주목해야 합니다.

모두가 공존하기 위한
방안은 무엇일까?

✦

야생 동물 보호 구역 인근에 거주하는 주민들은 자신이 키운 가축을 사자에게 약탈당하기도 하고, 때로는 사자의 습격으로 인명 피해를 입기도 합니다. 반면, 사자 역시 인간에 의한 살상과 서식지 파괴, 먹잇감 감소로 인해 멸종 위기에 처해 있습니다. 멸종 위기로부터 사자를 보호하기 위해 동물 단체들이 매년 8월 10일을 '세계 사자의 날'로 지정했을 정도입니다. 그렇다면 사자와 인간의 공존을 위한 좀 더 바람직한 방법은 무엇일까요?

먼저, 자연으로부터 인간을 배제하는 것이 문제를 해결할 수 있는 근본적인 전략이라는 생각에서 벗어나야 합니다. 오히려 보전 구역을 설정해 울타리를 치는 방식은 인간과 동물이 공존하는 방법보다 더 큰 부작용을 초래할 수 있습니다.[21] 그 과정에서 인간이 삶의 터전을 잃을 수도 있고, '요새'라는 공간을 이용한 트로피 사냥이 계속된다면 사자의 개체 수 감소를 막기도 쉽지 않기 때문입니다.

물론 사자 같은 맹수와 인간이 한 공간에서 공존하기란 쉬운 일이 아닙니다. 그러나 오랜 시간 사자와 함께 거주해온 원주민이라면 공존의 지혜를 터득하고 있을지도 모릅니다. 정부는 주민들을 배제한 상태에서 일방적인 정책을 실행할 것이 아니라, 현지 주민들의 의사를 고려해 정책을 수립하고 시행해야 합니다.[22] 현재의 보전 모델은 오랜 기간 주민들이 자연과 상생하며 만들어놓은 유산을 간과하고 있습니다. 따라서 현지 주민들이 만든 문화와 그 유산들을 존중하는 전략이 필요합니다.

또한 각국 정부는 주민들의 삶에 관심을 기울여 그들의 근본적인 생활 환경을 개선해야 합니다. 탄자니아와 같은 동남부 아프리카에서 관광 산업이 유망 산업으로 떠오르면서[23] 아프리카 전역에서 생태 관광이 활발하게 이루어지고 있지만, 정작 주민들에게 돌아가는 경제적 이익은 미미합니다. 관광 산업에서 발생하는 막대한 이익은 타국으로 유출되고, 그나마 국가나 일부 계층에게만 돌아가기 때문입니다. 이제는 인간과 사자가, 인간과 인간이 공존할 수 있는 좀 더 나은 방법을 찾아야 할 때입니다. 그 열쇠는 오랫동안 공존해온 주민과 동물에게 있을 수도 있습니다.

기후변화에
적응하고
도시를 점령한 악동
라쿤

같은 듯 다른 둘,
너구리와 라쿤

여러분은 '너구리' 하면 어떤 이미지가 떠오르나요? 오동통한 면발의 라면 겉봉투에 그려진 동물 캐릭터를 떠올리는 사람도 있고, 서울에 있는 유명 놀이동산의 마스코트를 떠올리는 사람도 있습니다. 어쩌면 애니메이션 〈보노보노〉에 등장하는 '너부리'라는 캐릭터를 생각하는 사람도 있을 것입니다. 하지만 우리가 너구리라고 알고 있는 이것들은 사실 모두 너구리가 아니라 라쿤raccoon입니다. 너구리와 라쿤의 생김새가 비슷하기 때문에, 외래종인 라쿤을 우리에게 익숙한 너구리로 간주하는 경우가 많습니다.

하지만 두 동물은 엄연히 차이가 있습니다. 두 동물을 구분하는 가장 쉬운 기준은 바로 꼬리입니다. 너구리는 꼬리가 뭉툭하고 줄무늬가 없는 반면, 라쿤은 비교적 가느다란 꼬리에 줄무늬가 있는

혼동하기 쉬운 라쿤(위)과 너구리(아래)

점이 특징입니다. 앞서 언급한 라면, 놀이동산, '너부리' 캐릭터를 다시 한번 살펴볼까요. 라면의 경우에는 제품명에서부터 제작자가 명백히 라쿤을 너구리로 혼동했습니다. 놀이동산 캐릭터의 경우에도 줄무늬 꼬리가 노출되어 있는 것으로 보아 혼동한 것 같습니다. 한편 〈보노보노〉의 '너부리'는 일본 원작에서 '아라이구마군'으로 불리는데, 이는 라쿤의 일본어 이름인 '아라이구마洗い熊'('씻는 곰'이라는 뜻)에서 온 명칭입니다. 아마도 이 경우는 한국어 번역 과정에서 라쿤을 너구리로 혼동해 '너부리'라는 이름을 붙인 것으로 추정됩니다.

이처럼 라쿤을 너구리로 혼동한 사례는 주변에서 생각보다 흔히 볼 수 있습니다. 라쿤과 너구리는 꼬리를 제외하고 거의 닮아 헷갈리기 쉽습니다. 두 동물은 눈 주위의 검은 반점과 길쭉한 주둥이, 검은 코 등이 닮았습니다. 하지만 차이도 있습니다. 라쿤은 주로 북아메리카에 분포하는 반면, 너구리는 동아시아에 분포합니다. 그리고 라쿤은 너구리보다 몸 길이는 더 길지만 평균 무게는 더 가볍습니다. 또 라쿤은 앞발을 마치 사람의 손처럼 활용해 음식을 잡고 먹을 수 있는 반면, 너구리는 그렇게 하지 못합니다.[1] 이러한 차이로 인해 라쿤은 아메리카너구리과, 너구리는 갯과로 구분합니다.

라쿤의 앞발은 다섯 개의 발가락이 있고 사람의 손처럼 유연하게 물건을 잡거나 꼭 쥐고 잡아당길 수 있습니다.[2] 신체의 나머지 부분에 비해 4~5배나 감각 세포가 많은 민감한 발을 가졌습니다.[3] 그래서 라쿤이 사냥할 때 앞발로 물속을 더듬으며 먹잇감을 찾는 모습을 두고, 먹잇감을 물로 씻어서 먹는다고 오해해 일본어로 '아라 이구마'라고 지칭했습니다. 하지만 라쿤은 실제로 먹잇감을 씻어 먹지 않는다고 합니다.

환경 변화에 적응력이 강한 라쿤

동물은 서식지의 기온과 강수량을 비롯한 기후 환경에 맞추어 생존하고, 번식에 필요한 먹이와 서식지를 구하며 점차 진화합니다.[4] 라쿤의 주요 서식지는 미국, 캐나다, 멕시코를 비롯한 북아메리카입니다. 기후에 대한 적응력이 비교적 뛰어난 라쿤은 멕시코의 따뜻한 열대 기후 지역에서부터 캐나다의 냉대 기후 지역까지 폭넓게 서식하는데, 특히 습한 삼림을 좋아합니다. 한편 라쿤은 유럽 일부 지역 및 일본에서 반려동물로 도입되었다가 일부가 야생화되어, 현재 해당 지역에서 외래종으로 서식하고 있습니다.

그런데 전 지구적 기후변화에 따른 환경 변화로 여러 동물이 새로운 조건에 적응해야 하는 위기에 놓였습니다. 한편 기후변화에 적응하는 능력은 동물에 따라 차이가 날 수 있습니다. 일반적으로 생애 주기life cycle가 길고 번식 속도가 느린 대형 동물에 비해, 생애 주기가 짧고 번식 속도가 빠른 소형 동물이 환경 변화에 적응력이 높다고 알려져 있습니다. 라쿤은 후자에 해당하는 대표적 동물로,

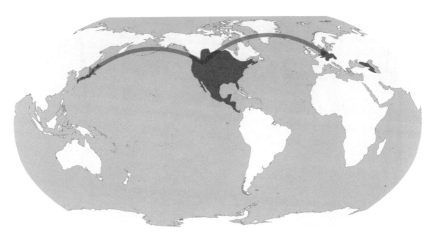

라쿤의 서식지 분포. 파란색 화살표는 라쿤이 외래종으로 전파됨을 의미한다.

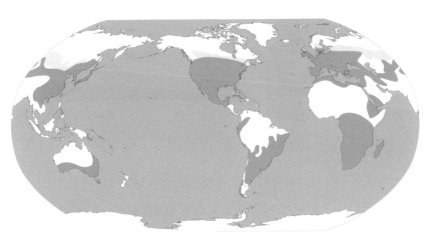

기후변화로 인한 라쿤의 서식 가능 지역 변화. 진한 갈색은 현재 서식 가능 지역이고, 연한
갈색은 2050년에 확대될 서식 가능 지역이다.

천장 창문의 틈을 통해 건물 안으로 들어오려고 하는 라쿤

야생에서 살아가는 라쿤의 평균 수명은 2~3년 정도이고 번식력도 좋은 편입니다. 따라서 다른 대형 동물과 비교했을 때, 라쿤에게는 기후변화와 같은 환경 변화가 오히려 서식지를 확장할 수 있는 기회가 될 수 있습니다. 실제로 인류가 온실 기체 감축 노력을 전혀 기울이지 않아 지구의 평균 기온이 가장 크게 상승할 경우를 가정한 시나리오를 여러 학자가 분석한 결과, 라쿤의 서식지가 지금보다

더 폭넓게 증가할 것으로 나타났습니다.[5] 전문가들에 따르면, 2050년에 라쿤은 유라시아 중·고위도 나머지 지역까지 서식지를 더 확대할 것으로 예측되었습니다.[6] 그러면 북반구 대부분 지역에서 라쿤을 만날 수도 있습니다.

기후변화로 라쿤의 서식지 범위가 넓어지는 가운데, 최근에는 도시에 서식지를 개척하고 있습니다. 일반적으로 라쿤은 나무에 굴을 파고 사는 것을 좋아합니다. 하지만 다른 동물이 파놓은 땅굴이나 광산, 동굴에서 살기도 하고, 심지어 버려진 건물이나 차고, 헛간에서도 살아갑니다.[7] 이렇듯 라쿤이 사람에 의해 인위적으로 만들어진 도시 건축물을 선호하면서, 북아메리카 도시에서 라쿤을 흔히 접하게 되었습니다. 북아메리카에서는 도시 라쿤urban raccoons이라는 용어가 일반화되어 있을 정도입니다. 마치 우리나라 도시에서 길고양이를 흔히 접할 수 있는 것과 비슷한 맥락입니다.

북아메리카 도시 중에서 캐나다의 토론토는 도시 라쿤의 활동이 가장 왕성한 곳입니다. 토론토에서는 라쿤을 도시의 상징으로 여기기도 합니다. 토론토는 2020년 기준 인구 약 280만 명이 거주하는, 캐나다에서 인구 규모가 가장 큰 도시입니다. 인공적인 건축물로 뒤덮인 대도시인 토론토에는 1km²당 약 10~25마리나 되는 라쿤이 서식하고 있습니다.[8] 그래서 토론토 사람들은 도시의 상징인 CN 타워와 라쿤의 이미지를 결합한 패치를 만들어 도시 마케팅 수단으로 활용하기도 합니다.

도시를 재야생화하는 라쿤

✦

라쿤이 이처럼 도시의 터줏대감이 된 이유는 크게 세 가지로 나누어볼 수 있습니다. 야행성, 높은 지능, 그리고 잡식성입니다. 첫째, 라쿤은 주로 야행성이어서 사람들이 활동하는 낮시간을 피해 도시에서 살아갈 수 있습니다. 둘째, 라쿤은 지능이 높기 때문에 도시 환경에 효과적으로 적응할 수 있습니다. 라쿤은 뛰어난 손놀림으로 쓰레기통이나 집을 뒤져 먹거리를 찾습니다. 토론토에서는 라쿤이 쓰레기통을 뒤지면서 도시 환경을 어지럽히자 2015년에 3,100만 캐나다 달러(약 310억 원)를 들여 쓰레기통 잠금장치를 설치했으나, 라쿤이 이를 며칠 만에 풀어버렸다고 합니다.[9] 셋째, 잡식성인 라쿤은 곤충, 씨앗, 과일 등을 가리지 않고 즐겨 먹습니다. 심지어 인간이 먹다 남긴 음식물 쓰레기까지 먹는 등 거의 모든 음식을 먹습니다. 일반적인 야생 라쿤 1마리가 평균 2~16km 범위 영역을 이루어 살아가는 반면, 도시 라쿤은 쓰레기통 하나를 중심으로 세 블록의 좁은 범위 내에서 평생 살아갈 수 있다는 연구 결과도 있습니다.[10]

라쿤이 도시에 살면서 '시골 라쿤'과 다른 '도시 라쿤'으로 진화했다는 연구 결과도 있습니다. 한 동물 행동 연구가에 따르면, 도시에 서식하는 야생 동물 83종을 연구한 결과 무려 93% 정도의 동물이 일반적인 야생 동물과 다른 행동을 보였다고 합니다.[11] 도시 라쿤에게서도 이러한 모습을 엿볼 수 있습니다. 인간의 음식이나 음식물 쓰레기를 자주 먹으면서 식성의 변화가 나타나기 시작했습니

도시에서 쓰레기통을 뒤지는 라쿤(캐나다 토론토)

다. 도시 라쿤은 일반적인 시골 라쿤에 비해 더 대담하고 탐험적인 성향을 보입니다. 그뿐 아니라 단독으로 활동하기보다 무리 지어 다니면서 도시 생활에 효과적으로 적응하는 모습을 보이기도 합니다.[12]

흔히 사람들은 도시를 비자연적이고 인위적인 공간으로 바라봅니다. 시골은 토양과 식생으로 덮인 비옥한 장소인 반면, 도시는 철과 콘크리트로 덮인 불모의 공간으로 대비시키곤 합니다.[13] 하지만 최근에는 도시와 같은 인위적 공간에서도 야생 동물과 인간이 조화를 이루는 모습이 발견되고 있습니다. 이와 관련된 개념이 바로 재야생화입니다. 재야생화는 유럽들소 편에서도 살펴봤듯이, 동식물

도시에 출몰하는 야생 동물들을 잡아주는 캐나다의 전문 서비스 업체

의 자생적 활동을 통해 인간의 도움 없이도 작동하는 역동적인 생태계를 만드는 자연 복원 전략을 말합니다.[14] 재야생화를 통해 인간이 만든 도시의 틈새에 야생 동물이 들어와 인간의 의도와 별개로 야생 공간을 스스로 만들어나가는 것입니다.

한편 도시 내 라쿤의 개체 수 증가가 생태계에 긍정적 영향만 주는 것은 아닙니다. 먹이사슬의 균형을 이루는 생태계에 라쿤이라는 새로운 포식자가 들어오면서 라쿤의 먹이가 되는 양서류, 조류, 일부 포유류의 개체 수에 큰 변화가 생겼습니다. 그뿐 아니라 인간과 라쿤 사이 잦은 접촉으로 인한 문제도 발생하고 있습니다.

토론토에서는 2023년에 라쿤에게 물렸거나 긁혔다는 피해 신고가 2018~2022년 평균에 비해 117% 이상 증가했다는 통계도 있습니다.[15] 나아가 라쿤 등의 포유류가 광견병과 같은 인수 공통 전염

병의 주요 매개체로 지목되기도 합니다. 미국에서는 대표적인 인수 공통 전염병 중 하나인 렙토스피라균leptospira이 라쿤에게서 검출된 사례도 있고, 일본에서는 말이나 양 등에서 보르나병Borna disease을 일으키는 RNA 바이러스가 야생의 라쿤을 감염시킨 것으로 확인되기도 했습니다.[16] 또한 쓰레기통을 뒤집고 음식물 쓰레기를 뒤지면서 거리 오염 및 악취 피해가 빈번히 발생합니다. 심지어 라쿤이 지붕의 틈이나 하수구 등 좁은 통로를 통해 집으로 들어오면서, 집의 일부가 파손되는 등 피해가 발생하기도 합니다.

이처럼 도시에 라쿤 개체 수가 증가하면서 사람들이 라쿤으로 인해 불편함을 느끼자, 덫과 같은 도구를 이용해 라쿤을 포획하거나 사살하는 등의 방법으로 개체 수를 조절하려는 시도가 등장하기 시작했습니다. 미국이나 캐나다에서는 라쿤을 비롯해 도시에 출몰하는 다양한 야생 동물을 포획하는 전문 서비스 업체까지 있을 정도입니다.[17] 마치 라쿤이 쥐나 벌레와 같이 해로운 동물이라는 취급을 받는 것입니다.

인간과 라쿤이 도시에서
함께 살기 위한 묘안은?

도시의 악동인 라쿤을 모두 잡아 없애버리는 것이 옳다고 생각할 수도 있습니다. 하지만 이는 비합리적일뿐더러 비윤리적이기도 합

라쿤에게 먹이를 주지 말라는 캐나다 토론토의 캠페인 이미지

니다. 전문가들은 라쿤을 사살함으로써 생기는 공백지에 새로운 개체들이 침투하기 때문에, 라쿤 개체 수 감소라는 목표를 달성하기 쉽지 않다고 지적합니다.[18] 또한 인간이 도시의 모든 라쿤을 잡아들이기에는 개체 수가 너무 많아 살처분하는 데 매우 큰 비용이 들기도 합니다. 모기나 파리와 같은 곤충에 비해 덩치가 훨씬 큰 생명체인 라쿤을 살처분하는 과정에서 누군가는 심한 정신적 고통을 겪을 것이고, 이는 심각한 윤리적 문제가 될 수도 있습니다.

따라서 일부 국가에서는 인도적 차원에서 라쿤의 개체 수를 점진적으로 조절하는 방법을 택하기도 합니다. 어린 새끼 라쿤을 구조해 안전한 곳에서 보호하다가 야생으로 돌려보내는 것입니다.[19] 도시 안에서 라쿤이 살기에 용이한 조건들을 원천적으로 차단하는 방법도 있습니다. 예를 들면, 지붕 주변의 구멍을 막아 좁은 통로로 들어오는 라쿤을 차단하는 것입니다. 토론토에서는 2023년 4월부터 라쿤을 비롯한 야생 동물에게 먹이를 주는 행위를 금지하는 조례를 시행했습니다.[20] 라쿤은 인간이 먹이를 주고 은신처를 제공할 수 있다고 인식합니다. 따라서 인간이 라쿤의 행동을 꾸준히 연구한 뒤 예방 정책을 수립·시행해야 합니다.[21] 또한 다른 생물종을 활용해 라쿤의 개체 수 증가를 억제하기도 합니다. 북아메리카의 도시에서 최상위 포식자인 코요테는 중간 포식자인 라쿤보다 먹이 경쟁에서 우위에 있기 때문에, 코요테가 없는 도시에 적정한 개체 수의 코요테를 도입해 라쿤을 견제하는 것입니다.[22]

인간은 근대 이후 이성을 토대로 과학기술을 발전시켜 자연을 통제하고 극복하려 노력해왔으며, 이에 문명의 번영을 누리고 있습니다. 그러나 자연을 도구로 바라보는 인간 중심주의적 자연관은 지구 생태계의 파괴와 생물종의 멸종 등 여러 부작용을 만들어냈습니다. 이제 인간이 이룩한 문명의 지속 가능성이 위기에 놓였습니다. 생태 중심주의ecocentrism 입장에서는 기존의 인간 중심주의적 자연관이 문명의 지속 가능성 위기를 초래한 핵심 원인이라고 비판하면서 해결책을 모색해야 한다고 주장합니다. 그러나 간혹 생태 중심주의를 주장하는 일부 진영에서는 지구의 생태 보전이라는 명목하에 인간이 문명을 통해 거둔 성과를 부정하거나, 때로는 '인간의 수가 적어져야 한다'는 극단적인 주장을 하기도 합니다. 이러한 관점은 지나친 비관론 및 종말론적 태도를 가져온다는 점에서 한계

사람과 가까운 곳에서 활동하는 미국 뉴욕(위)과 캐나다 몬트리올의 라쿤들. 라쿤과 인간의
공존이 가능할까?

가 있습니다.

인간이 이룩한 첨단 문명의 공간이 바로 도시입니다. 하지만 문명의 발달로 도시의 면적이 전 지구적으로 확장되면서 자연 공간이 점차 잠식되었고, 결국 수많은 생물종이 사라지는 부작용이 발생했습니다. 그렇다고 이러한 문제를 해결하기 위해 지구상의 모든 도시를 없앨 수는 없습니다. 따라서 이제는 도시 안에서 인간과 동물이 공존할 수 있는 새로운 관점과 실천이 필요합니다.

우리나라 도시에서는 길고양이가, 북아메리카 도시에서는 라쿤이 이러한 관점을 환기시키는 중요한 역할을 하고 있습니다. 이들은 인간이 만들어낸 도시 안에서 자발적으로 서식지를 만들며 인간과 함께 살아가고자 합니다. 인간은 고양이와 라쿤을 귀엽고 재미있게 여기면서도, 공존하는 것은 많이 불편해합니다. 하지만 도시의 재야생화는 인간 중심주의와 생태 중심주의라는 양극단의 스펙트럼 사이에서 해결책을 찾는 가운데 우리에게 큰 시사점을 줄 수 있습니다. 동물이 도시로 들어와 인간과 함께 생활하면서 생기는 여러 사건이 수면 위로 떠오를수록, 인간과 자연이 도시에서 공존할 좋은 방안들이 나타날 것입니다.

대륙과 대륙을 넘어
종횡무진
이동해왔다
낙타

낙타의 고향은
어디일까?

나 이제 너희에게 정신의 세 단계 변화에 대해 이야기하련다.

정신이 어떻게 낙타가 되고, 낙타가 사자가 되며,

사자가 마침내 어린아이가 되는가를.

독일의 철학자 프리드리히 니체Friedrich W. Nietzsche(1844~1900)는 강인한 정신의 탄생을 간절히 소망하며, 우리 인간이 삶의 무의미를 극복하고 존재의 의미를 회복해 '초인'으로 탄생하기를 바랐습니다. 니체는 《차라투스트라는 이렇게 말했다》를 통해 인간이 강인한 정신을 가진 존재가 되기 위해서는 정신의 세 가지 변화를 겪어야 한다고 말합니다. 책의 내용으로 본다면, 성숙한 인간이 되기 위해 우리의 정신은 먼저 낙타camel의 단계를 거치게 됩니다. 니체는 낙타의 어떠한 면에 주목한 것일까요? 여러분의 머릿속에 떠오르는 낙타는 어떠한 모습을 하고 있나요?

니체의 책에서 말하는 낙타의 정신은 모든 것을 참아내고 견뎌냄을 뜻합니다. 낙타는 웬만한 동물은 엄두도 내지 못하는 사막의 극한 환경에서 담담하게 살아갑니다. 특히 탈수에 견디는 능력은 다른 동물과 비교할 수 없을 정도로 탁월합니다. 대부분의 동물이 15%의 수분을 잃으면 생명을 유지할 수 없는 데 반해 낙타는 40%까지 탈수되어도 견딜 수 있으며, 등에 달린 혹에 최대 35kg까지 저장할 수 있는 지방을 분해해서 얻은 영양분으로 먹이가 없는 사막에서도 장기간 생존할 수 있습니다. 350kg의 짐을 싣고 16일 동안 447km를 물도 없이 이동한 뒤 하루 쉬고 240km를 더 이동했다는 기록이 있을 정도입니다. 마치 서울에서 대구까지 물도 없이 왕복한 후 하루 쉬고 다시 대구로 내려간 셈입니다.

또한 낙타의 넓적한 발은 체중을 분산시켜 모래에 빠지지 않고 이동하게 해줍니다. 그야말로 사막에 '최적화'된 몸을 이용해 무거운 짐을 진 채, 중력의 저항을 참아내며 매우 먼 거리의 사막을 묵묵히 건너갑니다.

이러한 낙타의 모습을 떠올리면 낙타의 정신이 무엇인지 쉽게 상상할 수 있습니다.[1] 그렇다면 낙타의 고향은 어디이기에, 그리고 어떤 지리적 환경을 갖추었기에 니체가 주목한 그런 습성과 능력을 갖추었을까요? 이에 대해 살펴보겠습니다.

극한 환경에서
살아가는 방법은 똑같던데?

✦

낙타의 가장 큰 특징은 혹입니다. 갓 태어난 새끼 낙타는 혹이 없고 한 살이 되기 전에 생깁니다. 혹이 두 개인 쌍봉낙타bactrian camel[2]는 몽골과 중앙아시아 지역에 주로 분포합니다. 혹이 한 개인 단봉낙타dromedary는 북부 아프리카와 서남아시아 등지에서 주로 볼 수 있습니다. 낙타는 혹에 들어 있는 지방 덕분에 건조한 기후 지역에서 살 수 있습니다.

그런데 놀라운 사실은 낙타의 고향이 바다 건너 북아메리카라는 점입니다. 오늘날 북아메리카에서는 이 지역을 근간으로 하는 낙타를 한 종도 찾아볼 수 없습니다. 화석 자료에 따르면 약 4,000만 년 전 북아메리카에 낙타의 조상이 살았습니다. 몸집이 대형견보다 약간 큰 그 조상은 쌍봉낙타와 단봉낙타는 물론 남아메리카에서 살고 있는 과나코, 라마, 비쿠냐, 알파카의 조상이기도 합니다. 낙타의 조상은 북아메리카에서 기원해 여러 지역으로 이동한 뒤, 해당 지역의 자연환경에 적응해 다양한 종으로 진화했습니다.

특히 낙타의 화석 중 2006년 캐나다 북부에서 발견된 약 350만 년 전의 화석은 많은 주목을 받았습니다. 뼛속 콜라겐 유전자 지문 조사 결과 이 화석의 주인공이 현생 낙타의 조상으로 밝혀졌으며, 현생 낙타보다 골격이 30%가량 컸습니다. 이는 일반적으로 기후가 추운 지역으로 갈수록 동물의 몸집이 더 커진다는 베르그만의 법

오늘날 우리가 만날 수 있는
쌍봉낙타(위)와 단봉낙타(아래)

©Anakin

©Philippe Lavoi

낙타와 친척 관계인 라마(위)와 알파카(아래). 낙타의 조상 중 일부는 남아메리카로 내려가서 라마, 알파카, 비쿠냐, 과나코 등으로 진화했다.

현재 단봉낙타(왼쪽)와 캐나다 북부에 살았던 낙타 조상(오른쪽)의 크기 비교

칙에 해당하는 사례입니다. 이들이 살던 당시는 현재보다 기온이 2~3℃ 높은 플라이오세 중기로, 화석이 발견된 곳의 연평균 기온은 -1.4℃ 정도였습니다. 또한 해당 지역은 북극권에 속해, 겨울철에는 매우 추운 날씨가 계속되고 하루 종일 해가 뜨지 않는 극야 현상이 나타났을 것입니다.[3]

이렇게 낙타의 조상은 한랭한 기후에 적응했습니다. 겨울잠을 자는 동물들이 생존을 위해 피하 지방을 축적하는 것처럼, 몸집이 커지면서 혹 모양의 거대한 지방 주머니가 생겨 먹이와 물을 구할 수 없는 시기를 견디게 해주었습니다. 또한 두꺼운 털이 몸을 덮어 체온을 유지해주었고, 눈밭에 빠지지 않도록 설피처럼 푹신하고 넓

적한 발을 가지게 되었습니다.

오늘날 낙타의 지리적 분포를 생각하면, 생존을 위해 끊임없이 이동하던 낙타가 어느 순간 자신에게 적합한 사막이라는 환경을 '발견'하고 정착했는지도 모릅니다. 그런데 북아메리카에서 살아가던 낙타가 어떻게 다른 대륙으로 이동했을까요?

아시아와 아프리카로 건너가 '사막의 배'가 된 낙타

✦

낙타의 이동은 258만 년 전, 지구의 마지막 빙하기인 플라이스토세가 시작될 무렵부터 나타났습니다. 알래스카와 시베리아를 연결하는 광활한 육지였던 베링 육교Beringia가 다리 역할을 했습니다. 오늘날의 북극해와 베링해 일부 구간에 걸쳐 있던 거대한 베링 육교는 빙하기 동안 이루어진 해수면의 변동에 따라 여러 차례 드러났습니다. 최근 연구에 따르면 가장 최근에 베링 육교가 드러난 것은 플라이스토세 최종 빙기의 절정을 1만 년 정도 앞둔 3만5,700여 년 전으로,[4] 플라이스토세가 끝나는 1만1,700년 전에는 북아메리카에서 낙타가 모조리 사라졌습니다.

베링 육교를 통해 아시아와 북아메리카의 동물들은 서로 다른 대륙으로 넘나들었고, 북아메리카의 낙타 또한 베링 육교를 통해 바다를 건너갔습니다. 낙타가 원래 있던 곳을 떠나 이동한 이유는 지구 환경 변화에 따른 포유류들의 침입과 경쟁력 때문으로 보입니다. 예를 들어, 대초원에서 굉음을 내며 무리 지어 뛰노는 스텝들소와 같은 동물을 피해 북극 지역으로 이동한 뒤, 베링 육교를 통해 아시아에서 북아메리카로 들어온 마스토돈이 코끼리처럼 생긴 거대한 몸집으로 휘젓고 다니는 것 등을 피해 건너편 대륙으로 이동했습니다.

하지만 낙타가 이들을 피해 첫발을 내디딘 시베리아는 결코 녹록한 땅이 아니었습니다. 낙타는 먹이를 두고 다툴 경쟁자가 없고 포식자가 추적을 포기할 수밖에 없는 곳까지 밀려나, 결국 서남아시아를 거쳐 북부 아프리카에 도달한 뒤 아프리카의 광활한 사막에 최종 정착했습니다. 이들이 바로 단봉낙타입니다. 그리고 중앙아시아에 머문 낙타는 쌍봉낙타로 진화했습니다.

낙타가 자리 잡은 사막은 오늘날의 아시아와 아프리카에 광활하게 펼쳐져 있습니다. 넓디넓은 유라시아 대륙의 중위도 내륙에는 해양의 습윤한 바람이 미치지 못해 고비 사막, 타커라마간(타클라마칸) 사막, 키질쿰 사막 등 중위도 사막이 형성되어 있습니다. 북반구의 아열대 고압대가 주로 위치하는 북위 20~30도를 따라서는 티르 사막, 룹알할리 사막, 사하라 사막 등 아열대 사막이 분포하고 있습니다.

한랭한 기후에서 살아남기 위해 진화한 낙타는 연 증발량이 연 강수량보다 많아 물과 식생이 부족할뿐더러 모래바람이 많이 불고 기온의 일교차가 크다는 또 다른 극한 조건에서도 성공적으로 적응

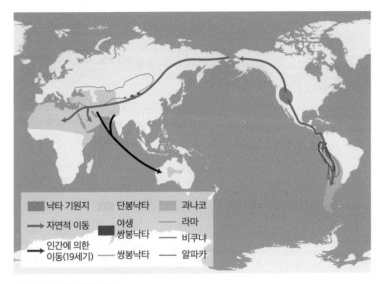

낙타의 이동 및 진화와 분포

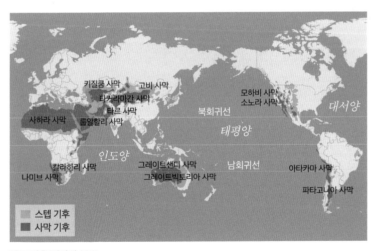

건조 기후 지역의 분포

극한 조건 기후에 적응하도록 진화한 낙타의 얼굴

하고 진화했습니다. 사막의 '사기캐' 같은 존재가 된다면, 경쟁자들이 우글거리는 곳에 머물 필요가 없습니다. 거의 여닫을 수 있게 된 콧구멍은 모래를 차단해주고, 세 겹짜리 눈꺼풀과 두 줄의 짙은 속눈썹은 강한 햇빛과 바람에 날리는 모래로부터 눈을 보호하며 눈을 깜빡일 때 날아가는 눈물과 같은 귀한 수분이 증발하는 것을 막아주었습니다. 또한 윗입술에는 콧구멍으로 이어진 틈이 생겨 콧물이 입으로 흘러 들어갈 수 있게 해주었습니다.[5]

낙타는 사막에 거주하는 사람에게 반드시 가축화해야만 하는 대상이었고, 기원전 2500년 무렵 대형 포유류 중에서 마지막으로 가축화되었습니다. 낙타는 인간 사회에 고기와 젖, 가죽과 털 등 많은 생활필수품을 제공했고, 가축화된 동물 중 극도로 건조한 땅에서 짐을 운반하는 일에 이처럼 적합한 동물은 없습니다. 인류 역사에서 말이 최강의 전쟁 무기였다면, 낙타는 사람과 짐을 싣고 다니며 문명 교류에 핵심적 역할을 한 중요한 동물이었습니다. 낙타는 말이나 당나귀보다 훨씬 많은 짐을 나르고, 특히 사막을 이동하는 데 탁월했기 때문입니다.

'낙타가 지나가는 곳은 모두 길이 된다'라는 말이 있을 정도로 낙타는 사막과 다른 지역을 연결해주는 든든한 '모빌리티 역할'을 하며 사막 문화의 한 축을 이루고 있습니다. 망망대해와 같은 세계 최대 사막인 북부 아프리카의 사하라 사막에서 거의 유일한 교통수단이 되어준 단봉낙타를 두고 인간은 '사막의 배'라는 별칭을 붙여주었습니다.

사막에서 단봉낙타를 타는 사람들(모로코)

사막에서 쌍봉낙타를 타는 사람들(중국)

중앙아시아의 사막을 가로지르는 실크로드에서 '사막의 배'는 쌍봉낙타였습니다. 낙타를 끌고 다니는 상인 무리를 카라반caravan 혹은 대상隊商이라고 합니다. 카라반은 상업 활동과 성지 순례 등을 할 때 꼬리에 꼬리를 물고 한 줄로 길게 무리를 이루는 낙타들과 함께 걸어왔습니다. 그리고 인류는 사막의 배와 함께 실크로드 개척과 같은 역사를 만들어왔습니다.

인간이 낙타를 길들이지 못했다면 중국과 유럽을 잇는 동서 문명 교류의 통로를 횡단하며 비단과 향료를 운반하던 무역은 상상할 수도 없었을 것입니다. 낙타는 오늘날에도 사막의 귀한 존재로서 묵묵히 그 길을 걷고 있습니다.

한편, 낙타는 또 다른 대륙에서 사막의 배가 되기 위해 자연적으로는 갈 수 없는 새로운 대륙으로의 여정을 시작합니다.

또다시 건너간 대륙, 낙타 천국에서 벌어진 낙타의 수난 시대

오세아니아의 크나큰 나라, 오스트레일리아에서 한때 낙타를 수입하자는 제안이 있었습니다. 19세기 초, 지리학의 아버지라고 불리는 알렉산더 폰 훔볼트Alexander von Humboldt(1769~1859)와 함께 파리 지리학회를 창립한 덴마크계 프랑스 지리학자 콘라드 말테브룬 Conrad Malte-Brun(1775~1826)은 '대양ocean'이라는 단어에서 따온

'오세아니아Oceania'라는 지명을 만든 사람으로 유명합니다.[6] 그는 1822년에 펴낸《만국 지리학Universal Geography》에서 오스트레일리아의 사막을 가로질러 탐험하고 개척하기 위해서는 아프리카와 아라비아반도에서 낙타를 제공받아야 한다고 제안했습니다. 오스트레일리아 내륙의 거대한 황무지 아웃백의 극한 조건에서 이동할 수 있는 수단으로, 유사한 기후 및 경관을 가진 아프리카와 아라비아반도의 사막에서 살아가는 단봉낙타를 활용하자는 의견이었습니다.

아프리카 북서부 카나리아 제도에서 출발한 단봉낙타가 오스트레일리아의 애들레이드항에 처음으로 도착한 이후,[7] 1870년에서 1920년 사이 아라비아반도, 인도, 아프가니스탄에 있던 2만여 마리의 단봉낙타가 2,000여 명의 낙타몰이꾼과 함께 오스트레일리아에 상륙해 오스트레일리아의 내륙 개척에 큰 공을 세웁니다. 남부 해안도시 애들레이드와 북부 해안도시 다윈을 연결하며 대륙을 남북으로 종단하는 철도 건설을 비롯해, 내륙 지역의 도로와 통신망을 구축하며 지역 경제 발전에 큰 보탬이 되었습니다. 이 철도를 '더 간The Ghan'이라고 부르는데, 이는 당시 '아프간인Afghans'이라고 부르던 낙타몰이꾼 등을 기리기 위한 것입니다.[8]

그러나 1930년대 이후 자동차, 기차와 같은 내연기관과 동력 운송 수단이 도입되면서 이 사막의 배는 애물단지가 되어버렸습니다. 결국 수많은 단봉낙타가 인간에게서 버림받았습니다. 하지만 이렇게 버려진 단봉낙타는 아웃백의 거친 환경에서 성공적으로 적응했습니다.

오스트레일리아의 대륙 횡단 철도 '더 간' 플랫폼에 세워진 단봉낙타 조형물

오늘날 오스트레일리아는 적어도 30만 마리가 넘는(정확한 개체 수를 파악할 수 없을 정도로 많은) 단봉낙타로 인해 큰 골치를 앓고 있습니다. 단봉낙타가 아웃백의 토착 식물과 농작물을 파헤치는 것은 물론 가축 방목지에서 다른 가축들이 이용할 물웅덩이를 오염시키기 때문입니다. 또한 단봉낙타는 물탱크, 수도꼭지 등의 급수 시설을 망가뜨리는 등 주민들에게도 피해를 끼쳤습니다. 결국 오스트레일리아 당국은 단봉낙타를 유해 야생 동물로 규정하고, 정부 사업 등을 통해 헬리콥터를 이용해서 총으로 사살하는 정책을 펼쳤습니다.

오스트레일리아 정부의 무자비한 정책에 대해, 개척 역사의 일등공신인 단봉낙타를 홀대한다며 비윤리적이라고 반대하는 이들도 있습니다. 하지만 당국에서는 내륙 지역 주거지와 방목지에서 단봉낙타로 인한 피해를 막기 위한 어쩔 수 없는 정책이라고 주장합니다.

한편, 오스트레일리아에서는 단봉낙타에 대한 이미지를 긍정적으로 바꾸거나 새로운 경제 활동을 창출하려는 시도도 이루어지고 있습니다. 일부 농장에서는 방목을 통해 유기농 낙타유, 치즈, 낙타유 초콜릿 등의 제품을 상품화했습니다. 오스트레일리아 최악의 잡초 중 하나로 평가받는, 인도에서 수입된 아카시아를 방제하는 데[9] 단봉낙타를 활용하기도 하고, 경주용 낙타로 훈련해 사우디아라비아를 비롯한 서남아시아 국가로 수출[10]하는 등 여러 가지 방법이 모색되고 있습니다.

인간은 많은 동물이 필요할 때는 온전한 자리in place에 있게 노력하지만, 더 이상 필요 없으면 함께할 수 없는 존재out of place로 간주합니다.[11] 인간의 필요에 따라 유입되었지만 악영향을 끼치는 외래종으로 지정되어 관리되는 사례는 우리 주변에도 많습니다. 남아메리카 원산의 뉴트리아는 본래 농가에서 모피와 육류를 얻기 위해 사육했으나 지금은 우리나라 생태계를 교란하는 대표적 생물이 되었습니다.

생태계에 대한 장기적 고민 없이 눈앞의 이익만 따져 다른 지역의 생물종을 들여오는 정책은 반드시 개선해야 합니다. 그리고 쓸모없어지면 '자연으로 보내준다'는 명목하에 거리낌 없이 방치하고 외면하는 모순적인 정책도 성찰하고 점검해야 할 부분입니다. 생태

환경은 한번 파괴되면 회복하는 데 막대한 사회적 비용과 긴 시간이 필요하다는 사실을 잊지 말아야 할 것입니다. 생태 감수성과 생태 책임감에 바탕을 둔 실천이 이어질 때, 우리는 비로소 지구를 살리는 진정한 생태시민이 될 수 있습니다.

IUCN(국제자연보전연맹) 적색목록 범주 구조

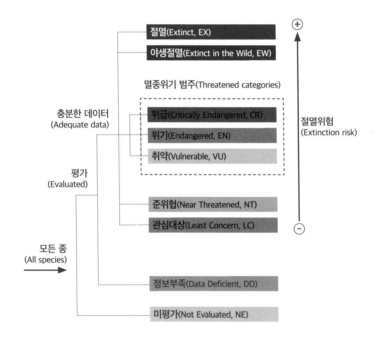

지질 시대 그래프

소빙기: 약 1300~1850년
만빙기: 약 1만 8,000년~1만 1,700년 전
최종 빙기 최성기: 약 2만 4,000년~약 1만 8,000년 전
최종 빙기: 약 7만 3,000년~ 1만 1,700년 전

* 지질 연대는 국제층서위원회에 따름.
* 각 막대 그래프는 지질 시대의 상대적인 길이를 비교하여 나타냄.

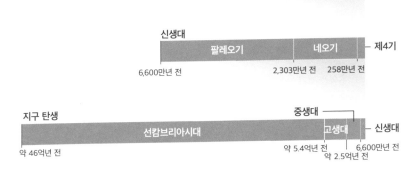

새 지질 시대 '인류세' 1950년부터 시작

홀로세(후빙기)

1만 1,700년 전

빙기, 간빙기 반복

제4기

플라이스토세(빙하기) — 홀로세

258만년 전   1만 1,700년 전

신생대

팔레오기   네오기   — 제4기

6,600만년 전   2,303만년 전   258만년 전

지구 탄생   중생대

선캄브리아시대   고생대 — 신생대

약 46억년 전   약 5.4억년 전   6,600만년 전
                                              약 2.5억년 전

지질 시대 그래프 신생대 제4기 기온 변화

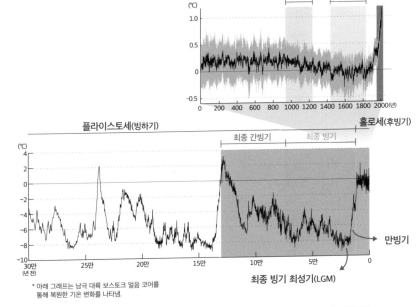

* 아래 그래프는 남극 대륙 보스토크 얼음 코어를
  통해 복원한 기온 변화를 나타냄.

ⓒVostok_Petit_data(NOAA)

1. 홍학은 전기 자동차를 미워해 _ 홍학

1   https://www.tbnweekly.com/opinion/article_89dde820-d890-11ed-bd8e-
    9399683b6816.html

2   https://www.youtube.com/watch?v=EYqBNbcBGwk

3   https://www.britannica.com/animal/flamingo-bird

4   https://www.etymonline.com/word/flamingo

5   https://www.ourendangeredworld.com/andean-flamingo/

6   전병역, 2015, '전기차냐 디젤차냐, 그것이 문제로다', 〈주간경향〉 1147호.

7   https://e360.yale.edu/features/lithium-mining-water-andes-argentina

8   https://link.springer.com/article/10.1007/s11273-022-09872-6

9   https://www.iucnredlist.org/fr/species/22697387/182422217
    https://www.iucnredlist.org/fr/species/22697398/93612106

2. 고래를 강으로 보낸 산맥! _ 아마존강돌고래

1   요제프 라이히홀프, 박병화 옮김, 2012,《자연은 왜 이런 선택을 했을까》, 이랑,
    179쪽.

2   https://newsteacher.chosun.com/site/data/html_dir/2017/03/27/
    2017032703559.html

3   요제프 라이히홀프, 앞의 책, 179~180쪽.

4   https://animalia.bio/amazon-river-dolphin

5   사이 몽고메리, 승영조 옮김, 2022,《아마존 분홍돌고래를 만나다》, 돌고래, 58

쪽.

6   https://animalia.bio/amazon-river-dolphin

7   사이 몽고메리, 앞의 책, 33쪽.

8   사이 몽고메리, 위의 책, 102~103쪽.

9   http://hotpinkdolphins.org/?p=16650

3. 껑충껑충 캥거루, 먹으면 착한 육식? _ 캥거루

1   https://www.reuters.com/world/asia-pacific/voting-begins-australia-land-mark-indigenous-voice-referendum-2023-10-13/

2   https://kangaroomanagementtaskforce.com.au/wp-content/uploads/2020/06/kangaroo-statistics-states-2018.pdf

4. 하얀 곰은 사실 북극의 생존왕 _ 북극곰

1   https://www.coca-cola.co.kr/stories/since-1886/the-story-of-the-coca-cola-polar-bears

2   https://www.cbsnews.com/pictures/gun-ownership-rates-by-state/7/

3   https://www.wwf.org.uk/learn/fascinating-facts/polar-bears

4   https://animalia.bio/polar-bear

5   http://news.bbc.co.uk/earth/hi/earth_news/newsid_9369000/9369317.stm

6   https://www.science.org/doi/10.1126/science.1216424

7   https://www.nationalgeographic.com/science/article/polar-bear-origins-revised-theyre-older-and-more-distinct-than-we-thought

8   Mirzoeff, N., 2011, "The Clash of Visualizations: Counterinsurgency and Climate Change", *Social Research* 78(4), pp. 1185~1210.

9   Sheppard, S., 2012, *Visualizing Climate Change: A Guide to Visual Communication of Climate Change and Developing Local Solutions,* Renouf Pub Co Ltd.

10   https://arctic.noaa.gov/Report-Card/Report-Card-2021

11   https://www.nature.com/articles/s41558-020-0818-9

12   Crockford, Susan J., 2019, *State of The Polar Bear Report*, pp. 2~3.

13   https://www.science.org/content/article/newly-identified-population-polar-bears-survives-glacier-slush-not-sea-ice

14 조홍섭, 2022. 6. 17, '북극곰의 마지막 희망? 해빙 없는 생존 집단 발견', 〈한겨레〉.

15 https://www.livescience.com/pizzly-bear-hybrids-created-by-climate-crisis.html

16 요제프 라이히홀프, 박병화 옮김, 2012, 《자연은 왜 이런 선택을 했을까》, 이랑, 135쪽.

17 https://www.ilemonde.com/news/articleView.html?idxno=15600

5. 따뜻한 우리 도시에 더 이상 오지 마라 _ 백로

1 http://yeongcheon.grandculture.net/yeongcheon/toc/GC05102244

2 https://www.nibr.go.kr/aiibook/ecatalog5.jsp?Dir=1055&catimage=&callmode=admin 63쪽.

3 https://www.nibr.go.kr/aiibook/ecatalog5.jsp?Dir=1055&catimage=&callmode=admin 46쪽.

4 https://www.nibr.go.kr/aiibook/ecatalog5.jsp?Dir=1055&catimage=&callmode=admin 61쪽.

5 https://folkency.nfm.go.kr/kr/topic/detail/4425

6 https://www.nibr.go.kr/aiibook/ecatalog5.jsp?Dir=1055&catimage=&callmode=admin 62쪽.

7 우리 주변 생활 속 기후변화 생물지표종〈전문자료〈자료실 : 환경교육포털 (keep.go.kr).

8 https://www.nibr.go.kr/aiibook/ecatalog5.jsp?Dir=1055&catimage=&callmode=admin 51쪽.

9 https://education.nationalgeographic.org/resource/urban-heat-island

10 https://www.hani.co.kr/arti/animalpeople/wild_animal/1040692.html

11 https://www.daejeon.go.kr/drh/drhStoryDaejeonView.do?boardId=blog_0001&menuSeq=1479&ntatcSeq=1061366

12 남종영, 2022. 4. 28, '도심의 백로가 인간에게 묻는다, 숲의 주인은 누구냐고', 〈한겨레〉.

13 https://www.nibr.go.kr/aiibook/ecatalog5.jsp?Dir=1055&catimage=&callmode=admin 301쪽.

14 https://times.kaist.ac.kr/news/articleView.html?idxno=20972

15   티모시 비틀리, 김숲 옮김, 2022,《도시를 바꾸는 새》, 원더박스, 135쪽.

6. 기후변화에 따라 인간을 웃기고 울린 생선 _ 청어

1   윤혜주, 2022. 9. 22, '현대중공업 뒤덮은 청어 떼… 업계 호황 길조', 〈MBN뉴스〉.

2   https://www.dutchamsterdam.nl/295-amsterdam-delicacy-herring#haring

3   https://theconversation.com/why-the-anthropocene-began-with-europe-
     an-colonisation-mass-slavery-and-the-great-dying-of-the-16th-centu-
     ry-140661

4   Knox, Paul. L. & Sallie A. Marston, 2016, *Human Geography: places and re-
     gions in Global Context*, 7th edition, p. 146.

7. 기후변화로 등장해 기후변화에 맞서는 존재가 되다 _ 유럽들소

1   https://culture.pl/kr/article/8-must-try-regional-alcoholic-drinks-from-po-
     land

2   https://poland.pl/tourism/nature/polands-pride-european-bison/

3   https://animalia.bio/wisent, https://animalia.bio/american-bison

4   박정재, 2021,《기후의 힘》, 바다출판사, 99쪽.

5   박정재, 위의 책, 130~132쪽.

6   https://www.nature.com/articles/ncomms13158

7   https://www.tomdiserens.com/story-of-the-bison/

8   https://www.tomdiserens.com/story-of-the-bison/

9   https://www.tomdiserens.com/story-of-the-bison/

10 https://www.theguardian.com/environment/2013/sep/26/beaver-bison-euro-
     pean-species-comeback

11 https://www.iucn.org/news/species/202012/european-bison-recover-
     ing-31-species-declared-extinct-iucn-red-list?fbclid=IwAR0QP9GELND-
     d5TddpqFEpXpvGD9W82xS-4ArqKFXynzB2QkfOs_raJsMXM4

12 Anna A. Sher & Richard B. Primack, 이상돈 외 옮김, 2021,《보전생물학Conser-
     vation Biology》, 260쪽.

13 https://orionmagazine.org/article/the-great-rewilding/

14 https://rewildingeurope.com/rewilding-in-action/wildlife-comeback/bison/

15 https://edition.cnn.com/2022/10/23/uk/baby-bison-rewilding-uk-scn-

trnd/index.html

16 https://www.theguardian.com/environment/2022/jul/18/wild-bison-return-
to-uk-for-first-time-in-thousands-of-years

17 https://www.voanews.com/a/europe_extinct-millennia-bison-back-spain-
fight-climate-change/6204810.html

18 https://www.sciencedirect.com/science/article/pii/S0960982222001014

8. '부드러운 금'을 찾아 침엽수림을 거쳐 바다까지 _ 해달

1 https://www.iucnredlist.org/fr/species/7750/164576728

2 윤성학, 2021,《모피 로드》, K북스, 13쪽.

3 https://www.bbc.com/future/article/20210914-how-sea-otters-help-fight-
climate-change

4 https://www.canada.ca/en/environment-climate-change/services/spe-
cies-risk-public-registry/cosewic-assessments-status-reports/sea-otter-2007/
chapter-9.html

5 강찬수, 2023. 2. 1, '사막 같았던 독도 바다 밑, 해조 막 뜯어먹는 성게 제거했더
니···', 〈중앙일보〉.

6 https://www.opb.org/article/2022/08/04/report-bringing-sea-otters-back-
to-oregon-coast-feasible-though-complicated/

9. 동물, 공존의 대상이 맞나? _ 양

1 남종영, 2022,《안녕하세요, 비인간동물님들!》, 북트리거, 27쪽.

2 https://www.fao.org/faostat/en/#data/QCL

3 재레드 다이아몬드, 김진준 옮김, 1998,《총, 균, 쇠》, 문학사상사, 260쪽.

4 유발 하라리, 조현욱 옮김, 2015,《사피엔스》, 김영사, 142쪽.

5 브라이언 M. 페이건, 김정은 옮김, 2016,《위대한 공존》, 반니, 303~304쪽.

6 https://www.sl.nsw.gov.au/stories/australian-agricultural-and-rural-life/aus-
tralian-wool

7 https://wol.jw.org/ko/wol/d/r8/lp-ko/102002090

8 https://www.parliament.nsw.gov.au/Hansard/Pages/HansardResult.aspx#/do-
cid/'HANSARD-1820781676-80191'

9 https://www.nature.com/articles/ncomms8344

10   https://www.sciencedirect.com/science/article/pii/S0264410X07005099?via%-
      3Dihub

11   https://pubmed.ncbi.nlm.nih.gov/25240442/

10. 고기와 금기에 대한 믿음의 차이 _ 돼지

1   김지산, 2022. 7. 9, '돼지에 휘둘리는 나라, 중국', 〈머니투데이〉.

2   https://stale.ru/ko/chanterelles/skolko-stoit-samoe-dorogoe-myaso-v-mire-
      samaya-dorogaya-eda-v/

3   박은하, 2019. 2. 3, '가짜까지… 이베리코 흑돼지 뭐기에?', 〈경향신문〉.

4   박은하, 위의 글.

5   박종원, 2017, 〈우리나라 동물복지축산의 현황과 법적 과제〉, 《환경법과 정책》
      제19권, 131~176쪽.

6   김지숙, 2020. 11. 18, '사체와 피고름…'청정 양돈국' 스페인의 실체', 〈한겨레〉.

7   김지숙, 위의 글.

8   김영길, 2022. 8. 24, '돼지 동물복지 인증은 왜 지지부진할까', 〈축산신문〉.

9   김영길, 위의 글.

10   김영길, 위의 글.

11. '세계의 지붕' 위에 소가 산다고? _ 야크

1   국립축산과학원, 축종별품종해설(https://www.nias.go.kr/lsbreeds/selectLsBreedsView.
      do).

2   https://www.encyclopedia.com/humanities/encyclopedias-almanacs-tran-
      scripts-and-maps/hides-industry

3   https://www.nationalgeographic.com/expeditions/get-inspired/inside-look/
      what-is-a-yak-fun-yak-facts/

4   https://www.tibettravel.org/tibet-travel-guide/agriculture-and-climate-in-ti-
      bet.html

5   https://pubmed.ncbi.nlm.nih.gov/31975417/

6   https://www.savetibet.eu/growing-anti-slaughter-movement-against-chi-
      nese-commercial-slaughterhouses-in-tibet/

7   https://www.theguardian.com/environment/2021/feb/04/yak-politics-tibet-
      ans-vegetarian-dilemma-amid-china-meat-boom

8   https://www.state.gov/reports/2022-report-on-international-religious-free-
        dom/china/tibet/

12. 앞으로도 널 바다에서 볼 수 있을까? _ 산호

1   프라우케 바구쉐, 배진아 옮김, 2021,《바다 생물 콘서트》, 60~61쪽.
2   https://oceanservice.noaa.gov/education/tutorial_corals/coral02_zooxanthellae.
        html
3   https://oceanservice.noaa.gov/facts/coralwaters.html
4   https://sgsg.hankyung.com/article/2020060542631
5   https://oceanservice.noaa.gov/education/tutorial_corals/coral02_zooxanthellae.
        html
6   https://cbes.vn/coral-and-algae-the-colorful-symbiotic-relationship//
7   https://oceaninfo.com/compare/hard-coral-vs-soft-coral/
8   프라우케 바구쉐, 앞의 책, 61~63쪽.
9   https://coral.org/en/coral-reefs-101/how-reefs-are-made/
10   https://www.britannica.com/place/Great-Barrier-Reef
11   https://whc.unesco.org/en/list/154/
12   https://www.atollsofmaldives.gov.mv/
13   Anna A. Sher & Richard B. Primack, 이상돈 외 옮김, 2021,《보전생물학Conser-
        vation Biology》, 48쪽.
14   프라우케 바구쉐, 앞의 책, 321쪽.
15   https://www.weforum.org/agenda/2022/02/coral-reefs-extinct-global-warm-
        ing-new-study
16   https://m.science.ytn.co.kr/program/view.php?mcd=0082&key=202203
        151611488149
17   https://www.anthropocene.info/great-acceleration.php
18   https://www.anthropocene-curriculum.org/the-geological-anthropocene
19   https://www.anthropocene-curriculum.org/the-geological-anthropocene/site/
        flinders-reef

13. 인어공주를 찾으려면 어느 바다로 가야 할까? _ 바다소

1   김혜선, 2023. 6. 14, '껍데기만 아리엘이었던 인어공주··· 흑인 역사 무시한 블

랙워싱', 〈여성경제신문〉.

2   김웅서, 2013. 6. 18, '인어가 나타났다?', 〈The Science Times〉.

3   https://www.nationalgeographic.com/animals/article/141124-manatee-aware-ness-month-dugongs-animals-science

4   https://landscapesandletters.com/2020/05/24/russian-shipwrecks-and-stellers-sea-cow/

5   https://www.iucnredlist.org/fr/search?taxonomies=100185&searchType=species

6   조준형, 2014. 8. 8, '미군기지 반대투쟁 17년, 오키나와 헤노코에 가다', 〈연합뉴스〉.

7   윤상훈, 2022. 8. 20, '"지금 제주바다는 '혁명적' 변화를 겪고 있어요"', 〈오마이뉴스〉.

8   https://www.nature.com/articles/s41598-022-09992-2

14. 세계에서 가장 큰 모래시계를 가로지르는 새 _ 큰뒷부리도요

1   https://www.smithsonianmag.com/science-nature/genetic-study-maps-when-and-how-polynesians-settled-the-pacific-islands-180978733/

2   권정화, 2015, 《지리교육학 강의노트》, 푸른길.

3   http://www.hekuaka.co.nz/the-flight-of-he-kuaka/background

4   https://foundation.eaaflyway.net/재단-소개/철새-이동경로/

5   큰뒷부리도요는 여러 아종이 있는데, 그중 Limosa lapponica baueri 아종에 해당한다.

6   필립 후즈, 김명남 옮김, 2015, 《문버드》, 돌베개.

7   https://www.ibric.org/myboard/read.php?Board=news&id=276243

8   조홍섭, 2020. 10. 27, '태평양 1만2천 킬로 논스톱 비행 기록 도요새', 〈한겨레〉.

9   스콧 와이덴솔, 김병순 옮김, 2023, 《날개 위의 세계》, 열린책들.

10   스콧 와이덴솔, 위의 책.

11   https://www.iucnredlist.org/fr/species/22693158/111221714

15. 한반도에서 다시 함께하고 싶다 _ 반달가슴곰

1   김정진 외, 2019, 〈반달가슴곰의 서식지 확대 사례〉, 《한국환경생물학회지》, 37(2), 196~203쪽.

2　서정호, 2011, 〈지리산 반달가슴곰생태마을 조성 및 운영 방향〉,《한국산림휴양 학회지》15⑵, 21~33쪽.

3　이기환, 2020. 4. 1, '1600년 전 아기 반달가슴곰은 왜 천년고도 경주 월성의 해자에서 죽었을까?', 〈경향신문〉.

4　반달가슴곰 복원(https://www.knps.or.kr/portal/main/contents.do?menuNo=7020028)

5　https://www.forest.go.kr/newkfsweb/html/HtmlPage.do?pg=/fgis/UI_KFS_5002_020500.html&mn=KFS_02_04_03_04_05&orgId=fgis

6　한상훈, 2005, 〈지리산에서 반달가슴곰의 부활을 꿈꾸며〉,《지역과 전망》14, 213~219쪽.

7　서광석, 2011, 〈반달가슴곰은 미련 곰탱이?〉,《열린전북》145, 63~65쪽.

8　〈경향신문〉, 2023. 5. 25, '지리산 반달가슴곰 7식구 늘어… 사람도, 곰도 "서로 조심합시다"'

9　김정진 외, 2011, 〈지리산국립공원에 방사된 반달가슴곰의 행동권 분석〉,《농업 생명과학연구》45⑸, 41~47쪽.

10　국기헌, 2009. 11. 1, '"반달곰 백두대간 이동로 복원 필요"', 〈연합뉴스〉.

11　남종영, 2022. 06. 22, '콜럼버스 곰의 네 번째 여행', 〈한겨레〉.

16. 인간이 만든 왕이지만 초원 밖은 위험해! _ 사자

1　https://www.scienceabc.com/nature/animals/lion-vs-tiger-who-do-you-think-wins-if-they-get-in-a-fight.html

2　한준호, 2020, 〈로즈G. Rose의 방법론에 근거한 지리 교과서 사진의 비판적 독해〉, 한국교원대학교 대학원 석사 학위 논문.

3　제임스 R. 라이언, 이광수 옮김, 2015,《제국을 사진 찍다》, 그린비.

4　영국사상연구소, 박민아·정동욱·정세권 옮김, 2009,《논쟁 없는 시대의 논쟁》, 이음.

5　김준수 외, 〈극지 심상의 변천 - 미지의 땅에서 인류세 프런티어로〉,《대한지리 학회지》56⑹, 585~605쪽.

6　Smith, Neil, 2008, *Uneven Development: Nature, Capital, and the Production of Space*, Athens: University of Georgia Press.

7　최종인, 2019. 12. 5, '언제부터 '동물의 왕'은 곰이 아니라 사자였을까? _ [서평] 동물을 중심에 둔 역사서《곰, 몰락한 왕의 역사》', 〈오마이뉴스〉.

8　미셸 파스투로, 주나미 옮김, 2014,《곰, 몰락한 왕의 역사 - 동물 위계로 본 서

양 문화사》, 오롯.

미셸 파스투로, 위의 책.

이현주, 2003, 〈십자군 전쟁을 바라보는 작가의 시각 연구: 『신의 전사들Warriors of God』을 중심으로〉, 《중세르네상스영문학》 11(1), 177~196쪽. (http://anthony.sogang.ac.kr/mesak/mes111/10leehj.htm)

김영미, 2015. 8. 25, "'아프리카에 사자 사냥 오면, 왕처럼 대우받아", 〈시사IN〉 414호.

브렌트 스타펠캄프, 남종영 옮김, 2018, 《세실의 전설》, 사이언스북스.

김영미, 2015. 8. 25, '동물, 원주민 숨통 조이는 합법적 사냥', 〈시사IN〉

장은교, 2015. 5. 3, '재미로 기르고 죽이는 사자사냥 이제 그만해요', 〈경향신문〉.

브렌트 스타펠캄프, 앞의 책.

남종영, 2015. 8. 7, '참수된 사자 '세실', 마을을 위한 '처녀 제물'처럼 죽어갔다', 〈한겨레〉.

https://www.theguardian.com/environment/2018/may/10/maasai-herders-driven-off-land-to-make-way-for-luxury-safaris-report-says

https://www.theguardian.com/environment/2018/may/10/maasai-herders-driven-off-land-to-make-way-for-luxury-safaris-report-says

https://www.greenpeace.org/international/story/45497/indigenous-people-biodiversity-fortress-conservation-power-shift/

https://www.lionlandscapes.org/post/six-key-factors-that-make-successful-lion-human-coexistence-possible

https://dream.kotra.or.kr/kotranews/cms/news/actionKotraBoardDetail.do?SITE_NO=3&MENU_ID=180&CONTENTS_NO=1&bbsGbn=243&bbsSn=243&pNttSn=166562

17. 기후변화에 적응하고 도시를 점령한 악동 _ 라쿤

4   김원명, 2008, 〈지구온난화가 포유류에 미치는 영향〉, 《자연보존》 141, 22~28쪽.

5   김기범, 2019. 8. 8, '전 지구로 '침입'하는 라쿤…"생태계에 치명적"', 〈경향신문〉.

6   Louppe, Vivian et al., 2019, "Current and future climatic regions favourable for a globally introduced wild carnivore, the raccoon Procyon loter", Scientific Reports 9, 9174.

7   https://animalia.bio/raccoon

8   https://torontoobserver.ca/2022/11/15/toronto-raccoons-winter-distemper/

9   https://www.theguardian.com/world/2018/oct/05/canada-toronto-raccoons

10   https://www.nationalgeographic.com/animals/article/how-raccoons-became-the-ultimate-urban-survivors

11   Ritzel, Kate & Travis Gallo, 2020, Behavior Change in Urban Mammals: A Systematic Review, Frontiers in Ecology and Evolution.

12   https://www.nationalgeographic.com/magazine/article/why-urban-bears-know-when-its-trash-day-feature

13   김숙진, 2019. 11. 5, '도시는 동물 없는 인간만의 공간인가?', 〈문화일보〉.

14   최명애, 2021, 〈재야생화: 인류세의 자연보전을 위한 실험〉, 《한국환경사회학회지ECO》 25(1), 213~255쪽.

15   https://www.toronto.ca/news/toronto-public-health-advises-residents-to-avoid-contact-with-raccoons-to-protect-against-injury-and-rabies/

16   강찬수, 2020. 3. 19, '동물카페 인기 최고… 미국너구리 라쿤 바이러스 전파 위험은?', 〈중앙일보〉.

17   https://www.skedaddlewildlife.com/services/raccoons/

18   https://www.peta.org/issues/wildlife/living-harmony-wildlife/raccoons

19   https://www.nationalgeographic.com/animals/article/160424-raccoons-animals-science-washington-wildlife

20   https://www.toronto.ca/news/toronto-public-health-advises-residents-to-avoid-contact-with-raccoons-to-protect-against-injury-and-rabies/

21   https://nextcity.org/urbanist-news/how-chicago-is-helping-residents-coexist-with-urban-wildlife

22   https://www.currentconservation.org/urban-coyotes-conflict-or-coexistence/

18. 대륙과 대륙을 넘어 종횡무진 이동해왔다 _ 낙타

1   https://brunch.co.kr/@eurozine/118

2   몽골, 중국 등에 분포하는 야생 쌍봉낙타wild camel는 그동안 쌍봉낙타와 같은 종
     으로 여겨졌으나, 유전적으로 110만 년 전에 갈라진 다른 종으로 밝혀졌다. 야
     생 쌍봉낙타는 지속적인 개체 수 감소로 950여 마리밖에 남지 않았으며, IUCN
     의 적색 목록에서 '절멸 위급Critically Endangered' 등급으로 지정되어 있다.

3   조홍섭, 2013. 3. 7, '낙타의 고향은 사막 아닌 북극?', 〈한겨레〉.

4   https://www.livescience.com/bering-land-bridge-formation-ice-age

5   이정모, 2015. 6. 14, '낙타가 고향 북미대륙 떠났으면 메르스 없었을까', 〈중앙
     SUNDAY〉.

6   크리스티앙 그라탈루, 이대희·류지석 옮김, 2010, 《대륙의 발명》, 에코리브르,
     141쪽.

7   http://www.burkeandwills.net.au/Camels/Introducing_Camels_Into_Australia.
     htm

8   https://www.bbc.com/travel/article/20180410-the-strange-story-of-austra-
     lias-wild-camel

9   https://www.theguardian.com/australia-news/2021/feb/16/feral-camels-
     rounded-up-in-australian-outback-sold-in-online-auction-for-weed-con-
     trol

10   https://asia.nikkei.com/Life-Arts/Life/Australia-s-wild-camel-dilemma-to-
     cull-or-cultivate

11   Crowley, Sarah L., 2014, "Camels Out of Place and Time: The Dromedary
     (Camelus dromedarius) in Australia", *Anthrozoös* 27(2).